高等职业院校前沿技术专业特色教材

无人机航拍技术

◎ 主　编　李长海　张循利
　副主编　高　坤　陈　健

清华大学出版社
北京

内 容 简 介

本书对无人机航拍技术涉及的各类基础理论做了详细阐述,根据航拍知识体系及国内职业教育特点,简单概述了航拍技术的发展及未来趋势、航拍无人机各系统的组成、摄影的基础知识等理论内容,同时结合优秀航拍作品赏析,从常规航拍无人机的操控、维护到航拍构图、运镜手法、后期处理剪辑等角度进行实践教学。

本书为中国航空学会推荐教材。本书可作为高等职业院校无人机应用技术专业教材,也可作为航拍爱好者的参考用书。

本书封面贴有清华大学出版社防伪标签,无标签者不得销售。
版权所有,侵权必究。举报:010-62782989,beiqinquan@tup.tsinghua.edu.cn。

图书在版编目(CIP)数据

无人机航拍技术/李长海,张循利主编. —北京:清华大学出版社,2021.6(2024.7重印)
高等职业院校前沿技术专业特色教材
ISBN 978-7-302-57855-0

Ⅰ.①无… Ⅱ.①李…②张… Ⅲ.①无人驾驶飞机-航空摄影-高等职业教育-教材
Ⅳ.①TB869

中国版本图书馆CIP数据核字(2021)第056974号

责任编辑:张 弛
封面设计:刘 键
责任校对:李 梅
责任印制:宋 林

出版发行:清华大学出版社
网　　址:https://www.tup.com.cn,https://www.wqxuetang.com
地　　址:北京清华大学学研大厦A座　　邮　编:100084
社 总 机:010-83470000　　邮　购:010-62786544
投稿与读者服务:010-62776969,c-service@tup.tsinghua.edu.cn
质量反馈:010-62772015,zhiliang@tup.tsinghua.edu.cn
印 装 者:三河市铭诚印务有限公司
经　　销:全国新华书店
开　　本:185mm×260mm　　印　张:10.25　　字　数:214千字
版　　次:2021年8月第1版　　印　次:2024年7月第5次印刷
定　　价:69.00元

产品编号:088169-01

编写委员会

丛书主编

姚俊臣

编　　委

周竞赛　李立欣　张广文　胡强　朱妮

目 录

第一章 无人机航拍概述 1

第一节　无人机概述 2
第二节　航拍技术的发展 4
第三节　无人机航拍技术 5
第四节　无人机航拍的发展趋势 11

第二章 无人机系统 13

第一节　多旋翼航拍无人机系统组成 14
第二节　航拍任务设备 18

第三章 摄影基础知识 31

第一节　相机基础知识 32
第二节　素材格式 49

第四章 无人机操控 52

第一节　航拍飞行注意事项 53
第二节　飞行基础训练 55
第三节　飞行模式 59
第四节　第一人称视角飞行 67
第五节　航拍无人机的维护与保养 67

第六节　航拍飞行应急情况处理 70

第五章　航拍手法与构图 72

　　第一节　摄影基本原则 73
　　第二节　航拍构图 79
　　第三节　常用航拍手法及技巧 87

第六章　航拍作品后期处理 95

　　第一节　航拍素材处理软件介绍 96
　　第二节　Photoshop 软件调色 100
　　第三节　Premiere Pro CS6 软件的使用 108
　　第四节　视频特效 114

第七章　航拍作品赏析 118

　　第一节　航拍摄影作品赏析 119
　　第二节　航拍视频作品赏析 124
　　第三节　创意航拍作品赏析 147

参考文献 154

第一章

无人机航拍概述

第一节　无人机概述

无人驾驶飞机简称无人机，英文名称为 Unmanned Aerial Vehicle，缩写为 UAV。无人机是利用无线电遥控设备以及自身程序控制的不载人飞机，无人机实际上是无人驾驶飞机的统称，如图 1.1 所示。

图 1.1　无人驾驶无人机

无人机系统（Unmanned AeriaI System，UAS）是无人机及与其配套的通信站、起飞（发射）/回收装置以及无人机的运输、储存和检测装置等的统称。事实上，无人机要完成任务，除需要飞机及其携带的任务设备外，还需要有地面控制设备、数据通信设备、维护设备以及指挥控制和必要的操作、维护人员等，较大型的无人机还需要专门的发射/回收装置，无人机系统如图 1.2 所示。

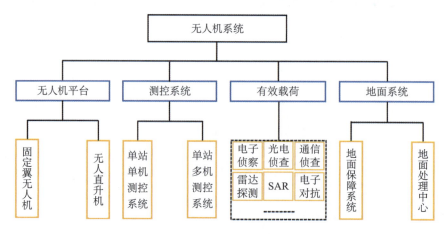

图 1.2　无人机系统

一、无人机的分类

近年来,国内外无人机技术飞跃发展,无人机系统种类繁多、用途广泛,其在尺寸、起飞重量、航程、航时、飞行高度、性能等方面都存在很大差异。我们可以按照无人机的用途、平台类型、质量和尺度、活动半径、高度等方面进行分类。

(1) 按照用途分类,无人机可分为军用无人机和民用无人机,如图 1.3 和图 1.4 所示。

图 1.3 军用无人机

图 1.4 民用无人机

(2) 按照平台类型分类,无人机可分为固定翼无人机、多旋翼无人机、无人直升机、伞翼无人机、扑翼无人机等。

(3) 按照重量和尺度分类,无人机可分为微型无人机、轻型无人机、小型无人机及大型无人机。微型无人机是指空机质量不大于 7kg 的无人机;轻型无人机是指空机质量大于 7kg 但小于等于 116kg,全马力平飞中,校正空速小于 100km/h,升限小于 3000m 的无人机;小型无人机是指空机质量小于等于 5700kg,大于 116kg 的无人机;大型无人机是指空机质量大于 5700kg 的无人机。

(4) 按照活动半径分类,无人机可分为超近程无人机、近程无人机、短程无人机、中程无人机和远程无人机。超近程无人机活动半径在 15km 以内;近程无人机活动半径在 15 ~ 50km;短程无人机活动半径在 50 ~ 200km;中程无人机活动半径在 200 ~ 800km;远程无人机活动半径大于 800km。

(5) 按照飞行高度分类,无人机可分为超低空无人机、低空无人机、中空无人机、高空无人机和超高空无人机。超低空无人机任务高度一般在 0 ~ 100m;低空无人机任务高度一般在 100 ~ 1000m;中空无人机任务高度一般在 1000 ~ 7000m;高空无人机任务高度一般在 7000 ~ 18000m;超高空无人机任务高度一般大于 18000m。

二、无人机的特点

（一）无人机与有人机对比的优势

（1）无人机没有驾驶员和复杂的机载系统，减轻了飞机自身的重量，优化了飞行的性能。

（2）无人机可以在恶劣的自然环境下执行高危险的任务，可以适应更激烈的机动飞行动作。

（3）无人机在制造、使用、维护等方面的技术和成本相对较低。

（4）无人机具有质量轻、体积小、结构简单、应用领域广泛的优点。

（二）无人机与有人机相比的局限性

（1）无人机没有操纵飞机的驾驶员，对于通信系统和导航系统的依赖性比较高。

（2）无人机的续航时间比较短。

（3）无人机的体积、质量和动力来源弱化了无人机的抗风、抗雨性能。

（4）无人机的控制站、通信链路和地面障碍物限制了它的通信传输距离和飞行范围。

第二节　航拍技术的发展

航拍作为一种高空俯视拍摄的技巧，凭借其全新的视觉体验和叙事表达在电影、新闻、纪录片等领域得到了丰富的运用。

航拍的起源可以追溯到1858年，法国的摄影师纳达尔乘着热气球，带着老式的湿板照相机，在法国城郊拍下了最早的航拍照片（图1.5）。纳达尔完成了第一次空中摄影的伟大创举，把幻想变成了现实，把眼睛带到了天空，这一创举第一次向人类展示了上帝视角，开创了摄影技术发展的新篇章。

飞艇是一种轻于空气的航空器，它与热气球的最大区别在于具有推进和控制飞行状态的装置。艇体气囊充以密度比空气小的浮升气体（氢气或氦气），借以产生浮力使飞艇升空，如图1.6所示。飞艇的优势在于成本低、安全系数高、稳定性强、升空时间长、高度可调节、准确度高，可用于影视和节目录制、企业资料和品牌推广、投资考察、城市规划、新闻采集与事件报道、大型活动或赛事直播等领域。

此后，航拍发展到有人机航拍阶段。有人机航拍就是摄影人员乘坐固定翼飞机或直升机，携带摄影器材，在高空进行俯视拍摄。利用有人机进行航拍成本比较高，飞行审批手续比较复杂。随着无人机应用技术的不断发展，利用有人机进行航拍的需求势必会大幅减少（图1.7）。

第一章　无人机航拍概述

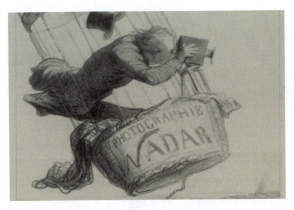

图1.5　纳达尔乘坐热气球航拍

图1.6　飞艇

图1.7　乘坐载人直升机航拍

随着近些年通信与导航技术的不断发展，以及无人机自身独特的优点，利用无人机平台搭载一些任务设备被广泛应用于各行业领域，比如，无人机与相机的结合就制造出了航拍无人机。目前，无人机被广泛应用于影视航拍、纪录片拍摄、侦查监视等领域。

从冒着生命危险在热气球上进行航拍，到利用有人驾驶飞机进行航拍，再到无人机搭载昂贵的电影摄像机，再到消费级无人机的普及，航拍历经百年历史，使人类获得了新的审美视角。

第三节　无人机航拍技术

无人机航拍技术又被称为空中摄影或航空摄影，航拍无人机也因此被称作"会飞的照相机"。无人机是通过无线电遥控设备或飞控系统进行操控的不载人无人机。无人机把镜头带到了天空，打破了人们仰视和平视的视觉习惯，将世间的风景、人文、建筑尽收眼底。这种俯视的角度被称作"上帝视角"。目前航拍成为摄影界的流行词汇，是一种非常先进的摄影方式，在各个需要进行摄影的场景中都得到了广泛应用。航拍不仅能给人们带来视觉上的表现力和冲击力，更能给人们带来视觉上的美感，如图1.8所示。

图 1.8 多旋翼航拍无人机

无人机航拍摄影是以无人驾驶飞机作为空中平台,以机载遥感设备,如高分辨率数码相机、轻型光学相机、红外扫描仪、激光扫描仪、磁测仪等获取信息,用计算机对图像信息进行处理,并按照一定精度要求制作成图像。无人机航拍系统在设计和最优化组合方面具有突出的特点,是集成了高空拍摄、遥控、遥测技术、视频影像微波传输和计算机影像信息处理的新型应用技术,如图 1.9 所示。

图 1.9 无人机航拍照片

无人机航拍摄影技术可广泛应用于影视航拍、电力巡检、交通监视、环境监测、土地确权、灾后救援、农田信息采集、空中侦查等领域。

（一）影视航拍

自电影诞生以来，各种视觉效果的拍摄手法日新月异，各种摄影器材不断推陈出新。从地面的轨道车，再到空间升降的大型摇臂，无不体现着摄影人对空间视觉效果变化的追求。无人机航拍是现在影视界常见的拍摄方式。它克服了有人机航拍的不足，可以最大限度的超低空飞行和悬停近接目标物体，完成的视图更直接，影像更清晰，还可以在摇臂等设备拍不到的高度和角度进行拍摄，特别适合航拍城市楼群、铁路桥梁、河流湖泊、运动场景等。例如，近些年使用无人机进行航拍的纪录片有《航拍中国》《迁徙的鸟》《地球》等，利用无人机进行影视取景的电影有《战狼2》《影》等，如图1.10所示。

图1.10　无人机在影视航拍领域的应用

（二）电力巡检

电力巡检是管理电力线路的核心工作，通过一系列精细化的管理对电力现场进行检查，及时发现问题，消除隐患，为人民的生活和生产用电提供保障。近年来，随着无人机技术的发展，以及对信息化和自动化的需求，使用无人机进行巡检成为一种趋势。传统的巡检方式是借助望远镜在远处观察，巡检过程非常困难，巡检人员危险性较高。使用无人机搭载相机作为小型巡检工具，方便携带，分辨率高，成像清晰且一次精细化巡检最多能覆盖五公里的距离，巡检的工作效率是原来人工巡检的8～10倍，工作效率有了质的提升，也大大降低了巡检人员的安全风险，如图1.11所示。

图1.11　无人机在电力巡检领域的应用

（三）交通监视

无人机在交通领域的应用优势明显,是执行交通任务的"好帮手"。无人机在智慧交通领域不仅提高了交通整治效率,还提升了交通管理科学化、智能化、实战化水平。当前,无人机参与交通管理已然成为一种趋势。在交通领域应用中,无人机承载着巡查执法、交通疏导、违规拍摄、应急救援等任务。

无人机运用到交通领域的优势有如下几点。

1. 掌控全局

无人机可对某个地区进行适时航拍获取车流统计数据,分析交通状况及造成该路段交通拥堵的原因。经过一段时间的连续监测,从车流变化中摸索出的规律可以为交管部门进行交通实时疏导提供依据。

2. 快速高效

与出动警车执行任务相比较,无人机可以低空飞行、速度快、变换视角灵活、活动范围大;与载人通用飞机、载人直升机或其他交通工具相比,无人机地勤和机务准备时间短,可随时出动,有利于交通管理部门快速、高效地控制局面。

3. 机动灵活

在参与城市交通管理的过程中,无人机既能飞行在高速道路和桥梁道路上,又能穿行在高楼大厦之间,甚至可以穿过隧道进行事故现场的勘查和取证,表现出特有的灵活性和机动性。

4. 节省成本

无人机在参与城市交通管理中能够以较少的数量代替较多的地面警力完成同样的任

务,有助于节省人力和降低勤务成本。无人机在交通领域的应用前景不可限量,未来将会是智慧交通的重要力量,如图 1.12 所示。

图 1.12　无人机在交通领域的应用

(四) 环境监测

将无人机应用于环境监测,可以弥补传统监测手段的不足与局限,提升工作效率。无人机虽然只是一个飞行平台,但当其搭载不同的气体检测吊舱等配件时,便可以应用于环境监测等领域。

目前环境保护执法者在检查企业偷排时多是挨家挨户敲门检查,依靠的也是手持式气体检测仪等设备,效率比较低。使用搭载污染物检测吊舱的无人机可以在很短时间内完成一个园区的污染物巡查。同时,利用可视化数据分析软件可以实时得到一个污染物分布格栅图,如图 1.13 所示。地面人员可根据图中污染源的定位立刻上门巡查,提升执法的针对性和实时性。实际效果可以借用新闻媒体的评价:"1 架无人机排查污染源的效率相当于 60 多个执法者"。

(五) 土地确权

无人机航拍摄影可对农村集体范围内的土地进行数据采集、影像拍摄,获取高精度的地表三维数据,并通过协同作业的侧视图像进行快速建模,绘制比例尺较大的地形图,协助农村集体土地监测与管理,如图 1.14 所示。

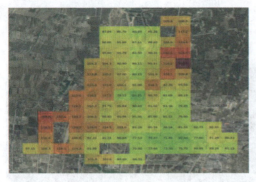 

图 1.13 无人机在环境监测领域的应用

图 1.14 无人机在土地确权领域的应用

（六）灾后救援

自然灾害具有突发性的特点，灾害应急救援的关键是灾害发生后的反应速度，快速获取灾情信息对于及时制定救援策略、提高救援效率和质量至关重要。无人机航拍可以从空中快速发现情况，并且通过拍摄的图像生成正射图和灾区三维模型，协助救援人员查看建筑物的破坏程度、道路通行能力、遇难人员分布等。无人机航空遥感系统具有实时性强、机动灵活、影像分辨率高、成本低等特点，且能够在高危地区作业。图 1.15 为 2015 年天津港爆炸案航拍图像。

图 1.15 天津港爆炸案航拍图

（七）农田信息监测

无人机农田信息监测主要包括病虫监测、灌溉情况监测及农作物生长情况监测等，利用以遥感技术为主的空间信息技术对大面积农田、土地进行航拍，从航拍的图片、摄像资料中可以充分、全面地了解农作物的生长环境、周期等各项指标。从灌溉到土壤变异，再到肉眼无法发现的病虫害、细菌侵袭，从而便于农民更好地进行田间管理。无人机农田信息监测具有范围大、时效强和客观准确的优势，是常规监测手段无法企及的。

（八）空中侦查

无人机在警用领域空中侦查场景中的使用效果最为明显。警用无人机可以随时备战，适合在城市等空间狭小的现场快速部署，尤其适用于群体事件现场情况的全局掌控，可充分发挥无人机机动性强的特点。无人机接到任务后可在最短时间抵达现场，将实时图像信息传输至指挥中心，能够"查得准、盯得住、传得快"，为指挥中心合理调配警力，做出重大部署提供翔实可靠的依据。比如利用无人机航拍制作的全景影像具有采集处理快、清晰度高、数据便捷的优点，可以360度浏览，可放大、缩小或进行任意位置标注，并与其他数据库关联，不仅能实现全场景、多角度、可视化的图形效果展示，而且还具备细节与宏观掌控同时兼备的功能，如图1.16所示。

图 1.16　无人机在警用领域的应用

第四节　无人机航拍的发展趋势

伴随着民用无人机市场的不断发展，无人机航拍也将逐渐走进多个细分领域，其应用范围也将愈加广泛，前景光明。消费级航拍无人机的关键技术主要有飞控系统、智能识别、跟踪、数据传输、云台系统等技术。国内消费级航拍无人机行业中，仅有少数企业具有自主研发这些关键部件的能力，大多数企业使用大疆创新、零度智控等公司的开源系统平台。目前，

无人机航拍技术
HANGPAIJISHU

民用航拍无人机主要使用的是小型多旋翼无人机,普遍存在续航时间短,通信导航技术不成熟,自主飞行功能、安全性可靠性欠缺等不足。希望随着无人机技术的不断发展,能够解决目前无人机在航拍应用领域的行业痛点,让无人机航拍技术能够大放光彩。

5G网络峰值传输速度比4G网络传输速度快数十倍,这意味着网络速度和传输质量的跨越式提升,能够实现毫秒级的延时。随着移动网络5G传输技术的不断发展,"5G+无人机"高清视频传输成为新亮点。2018年5月,上海首次开展了5G外场综合测试。搭载了世界领先的5G通信技术模组的无人机成功实现了基于5G网络传输的无人机360度全景4K高清视频的现场直播,向5G技术应用迈出了关键一步。上海移动联合华为公司搭载5G终端的无人机试飞,岸边的人们可以实时在屏幕上看到无人机传回的全景高清视频,在VR终端上更可沉浸式观看,尽享黄浦江美景。在应用于全景视频传输时,即使需要同时传输六路信号,在5G网络支持下也能轻松实现,图像更为清晰,画面也更加流畅,结合VR终端能够更好地实现身临其境的效果。近年来,"5G+无人机"视频图像传输技术逐渐趋于成熟,如图1.17所示。

当前,无人机航拍技术还处于飞速发展的阶段,相信在不久的将来,无人机在航拍摄影领域一定会大有作为。

图1.17 5G网络与无人机应用

习 题

1. 简述无人机系统的定义。
2. 详述无人机都有哪些分类。
3. 无人机与有人机相比都有哪些优点?
4. 无人机航拍的应用场景有哪些?
5. 无人机在交通领域有哪些优势?

第二章

无人机系统

第一节　多旋翼航拍无人机系统组成

多旋翼航拍无人机系统通常由机身、动力系统、图像系统、飞行控制系统、视觉辅助系统等多个高度模块化的部分组成。

一、机身

机身是承载多旋翼无人机所有设备的平台，也是整个飞行系统的飞行载体。多旋翼无人机的安全性、续航能力、稳定性都与其有着密切的关系。机身的尺寸、布局、强度材料都是影响机身的重要因素，如图2.1所示。

多旋翼无人机根据机臂个数可以分为三旋翼无人机、六旋翼无人机、八旋翼无人机、十六旋翼无人机、十八旋翼无人机等。按照旋翼布局可分为I型旋翼无人机、H型旋翼无人机、X型旋翼无人机、Y型旋翼无人机等，如图2.2所示。

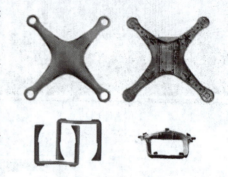

图2.1　多旋翼无人机机身组成

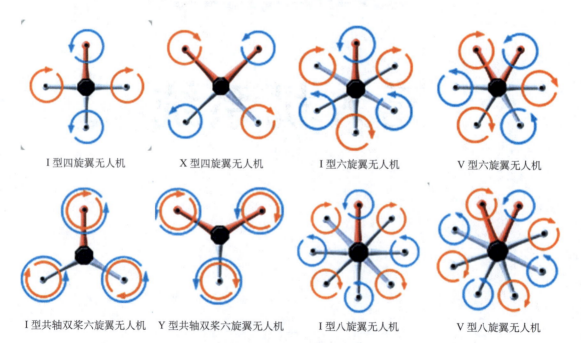

图2.2　多旋翼无人机机架类型

二、动力系统

多旋翼无人机动力系统通常由螺旋桨、电机、电调、电池组成。动力系统也是整个多旋翼无人机的动力来源。目前,小型多旋翼航拍无人机动力多数源于锂电池,在续航时间和载重方面受到很大限制,续航时间一般不超过 30 分钟,因此,电动多旋翼无人机主要应用于消费领域和个人航拍等方面。

(一)螺旋桨

螺旋桨是通过自身旋转将电机的转动功率转换为动力的装置,是多旋翼无人机直接产生升力和力矩的部件。螺旋桨由多个桨叶和中央的桨毂组成,发动机轴与桨毂连接并带动它旋转。螺旋桨一般采用的材质有尼龙、塑料、碳纤材料及木质材料。目前,小型多旋翼无人机常用塑料和碳纤材质的螺旋桨。多旋翼无人机一般使用不可变距的两叶桨,主要指标有螺距和尺寸两项。螺旋桨上有 4 位数字,前两位代表螺旋桨的直径,后两位代表螺距。图 2.3 所示为精灵 3 螺旋桨 9450 自锁桨叶。多旋翼无人机为了抵消螺旋桨的自旋,相邻的螺旋桨旋转的方向不同,所以需要正反桨。适合顺时针旋转的螺旋桨叫作正桨(CW),适合逆时针旋转的螺旋桨叫作反桨或逆桨(CCW)。

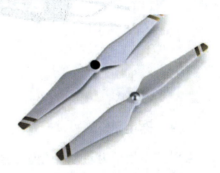

图 2.3　精灵 3 螺旋桨 9450 自锁桨叶

(二)无刷电机

无刷电机相比有刷电机效率高、使用寿命长、制造成本低,因此被广泛应用于小型多旋翼无人机。无刷电机的主要作用是将电池存储的电能转换为驱动桨叶旋转的机械能。根据转子的位置,无刷电机又可分为外转子电机和内转子电机。与内转子电机相比,外转子电机可以提供更大的扭矩,驱动螺旋桨能够获得更高的效率,因此更加适用于多旋翼无人机。无刷电机的型号通常用四位数字表示,前两位表示定子直径,后两位表示定子高度。例如,2212 表示定子直径为 22mm、高度为 12mm 的外转子无刷动力电机。

如图 2.4 所示,无刷电机空转转速可以用 KV 值表示。KV 值是指每增加 1V 电压所增加的额外转速,即空载转速 =KV 值 × 电池电压。例如,980KV 的无刷电动机,电池电压为 11.1V,那么电动机的转速就为 980×11.1=10212(r/min)。

图 2.4　无刷电机

（三）无刷电调

电调是电子调速器的简称，如图 2.5 所示，是动力电机的调速系统，英文缩写为 ESC。电调的主要作用是控制电机的转速、为飞控反馈信号、直流变交流。除此之外，还有一些其他功能，如电池保护和启动保护等。带有 BEC 功能（电池电源系统）的电调还可以为飞控供电，将电调的输入线与电池相连接即可。最大持续电流和峰值电流是无刷电调最重要的参数，其单位为安培（A）。最大持续电流是指在正常工作模式下的持续输出电流，而峰值电流则是指电调能够承受的最大瞬间电流。

图 2.5　无刷电调

（四）锂电池

电池主要用于为动力系统提供能量。目前多旋翼航拍无人机面临的最大问题就是续航时间不足，而续航时间又严重依赖于电池，续航时间不足已经成为制约无人机发展与应用的关键因素。市面上的电池种类很多，如镍氢、镍铬、锌锰干电池、锂电池等。其中锂电池和镍氢电池以优越的性能和低廉的价格脱颖而出，成为备受人们青睐的动力电池，如图 2.6 所示。

图 2.6　锂聚合物电池

锂电池基本参数有电压、容量、放电倍率等。锂聚合物电池（LIPO 电池）单节电芯的标称电压为 3.7V，充满电为 4.2V，存储电压为 3.7～3.9V。现在使用的无人机锂电池，通常是由电芯串并联在一起的电池组，电池的输出电压与剩余容量呈线性关系。电池的容量描述电池能容纳多少电量，其单位一般为毫安时（mAh）或安时（Ah）。例如，6000mAh 的电池容量表示电池以 6000mA 的电流放电时，可以持续放电一小时。一般将充放电电流通常用放电倍率进行表示，即：

$$\text{放电倍率} = \frac{\text{放电电流}}{\text{容量}}$$

电池的放电倍率（单位：C）是对放电快慢的一种量度指标，假定额定容量为 1000mAh 的电池用 2000mA 放电时，其放电倍率就为 2C。

电池作为无人机的能量来源,智能电池的出现也是大势所趋。智能电池在普通电池的基础上增加了坚固的外壳,还可以进行充放电管理、电量显示、存储自放电保护、过充保护等,而且增添了电源管理模块与电池管理系统,使之更加适应航拍作业时恶劣的使用场景。智能电池增加了电池的使用寿命,而且提高了充电过程中的安全系数,降低了风险,如图2.7所示。

图2.7　智能锂电池

三、飞行控制系统

飞行控制系统(简称飞控系统)可以看作无人机的"大脑",是多旋翼无人机的中枢,具有控制多旋翼姿态、位置和轨迹的作用。飞控系统内置陀螺仪、加速度计、气压计、角速度计等;外置磁力计、GPS等传感器。飞行控制系统能够实时采集各种传感器测量的飞行状态数据,接收无线电测控终端传输的由地面站上行信道送来的控制命令及数据,经过计算处理,输出控制指令给执行机构,实现对无人机各种飞行模式的控制以及任务设备的控制与管理,如图2.8所示。

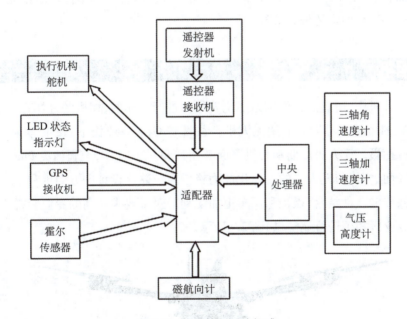

图2.8　飞行控制系统组成

飞行控制系统的组成简介如下。

陀螺仪:主要用于记录无人机的俯仰、横滚角度。陀螺仪是基于角动量守恒理论设计的、用于感测与维持方向并保持稳定飞行的装置。

加速度计:记录测量加速度的传感器。加速度计由检测质量(也称敏感质量)、支承、电位器、弹簧、阻尼器和壳体组成。

气压计：记录海拔高度的传感器。气压计是根据托里拆利的实验原理制成、用于测量大气压强的仪器。

GPS：主要作用是接收 GPS 卫星导航信号位置信息。无人机上安装了 GPS 信号接收机，便可以持续测量无人机当前的坐标，对惯性导航进行修正。

机载计算机：机载计算机作为飞行控制系统的核心部件，具有姿态稳定与控制、导航与制导控制、自主飞行控制等功能。

第二节 航拍任务设备

无人机航拍设备是以无人驾驶飞机作为空中平台，以机载遥感设备，如高分辨率 CCD 数码相机、轻型光学相机、红外扫描仪、激光扫描仪、磁测仪等获取信息，利用计算机对图像信息进行处理，并按照一定精度要求制作成图像。航拍主要包括两大核心，一是飞行平台；二是影像系统。一方面无人机的安全性、稳定性、可操作性以及智能化程度是航拍飞行的基础；另一方面相机的画质可直接影响航拍作品的质量，两者缺一不可。航拍无人机任务设备主要有相机、云台、图像传输系统等。

一、相机

在航拍无人机中，所有的部件都是围绕着相机进行工作的，相机的好坏直接决定了拍摄的图片和视频的质量。早期的航拍无人机往往携带 GoPro 或松下 GH4、索尼 A7 等微单/单反相机进行拍摄。无人机厂商和相机厂商各司其职。2014 年，大疆精灵 Phantom 2 Vision 打破了这一局面，相机与无人机的一体化成为趋势。一体化设计一方面更利于飞行，另一方面相机与图像传输软件结合，操控和调参更加便利。对于要求较高的专业影视团队来说，通常需要使用专业级相机进行航拍，如图 2.9 所示。

图 2.9 多旋翼无人机搭载的单反相机

目前,使用较多的数码相机品牌有佳能、尼康、松下、徕卡等。多旋翼飞行平台在进行航拍时,使用单反相机必须考虑无人机平台的承受能力和重心平衡等问题。

单镜头反光式取景照相机(Single Lens Reflex Camera,SLR camera)又称单反相机,指用单镜头,并且光线通过此镜头照射到反光镜上,通过反光取景的相机。单镜头相机的优势是性能全面、利于操控、画质优异,而且具有较为完善的对焦功能和连拍功能。由于其取景和成像都是通过相机镜头完成的,所以没有视差。单反数码相机还有一个显著的特点就是可以随意更换与其配套的各种广角、中焦距、远摄或变焦距镜头,也能根据需要在镜头上安装近摄镜、加接延伸接环或伸缩皮腔。单反系统发展多年,有着丰富的镜头群和附件体系,是普通数码相机所不能比拟的,如图 2.10 所示。

2013 年 10 月发布的 Phantom 2 Vision 是大疆首款搭载自主研发相机的航拍一体机,搭载的相机型号为 DJI FC20。这款产品是相机与无人机一体化的开端,为消费者省去了安装云台相机、设置图传接收信号等步骤,可以直接飞行拍摄。随后,大疆等无人机厂家推出的一系列产品都趋向于云台相机一体化。

随着云台相机一体化程度的增加,越来越多的无人机采用了不可更换式航拍相机。一体化云台相机使用方便,无须调试,适合初学者使用,而且质量和体积较小,有利于增加飞行时间,如图 2.11 所示。

图 2.10 佳能 EOS 5D 单反相机

图 2.11 云台相机禅思 X5 & X5R

二、云台

无人机云台是无人机用于安装、固定摄像机等任务载荷的支撑设备。为了获取高质量的低空遥感影像,机载测量设备(照相机或摄像机)必须固定在高度稳定的云台上。云台是相机与机身连接的关键部件。由于无人机在飞行时会产生高频振动,在快速移动时相机也会随之运动,如果没有相应的补偿和增稳措施,无人机航摄出来的影像将无法使用。航拍无人机对相机的稳定性有极高的要求,而云台的主要作用就是用来提供"稳定"的。云台的主要优势有:增稳精度、兼容性(一款云台能配备几款相机和镜头)和转动范围(分为横滚、俯仰和旋转三个轴),如果使用变焦相机,就应该考虑云台的增稳精度。现在使用的航拍云台主要由无刷电机驱动,在水平、横滚、俯仰三个轴对相机进行增稳,可搭载摄影器材,从摄像头到GoPro,再到微单/单反相机,甚至全画幅相机和专业级电影相机都可以。摄影器材越大云台就越大,相应的机架就越大。

　　三轴增稳云台、两轴增稳云台、三轴稳定航拍云台是现在主流航拍无人机所采用的航拍防抖云台,如大疆、零度、亿航等知名无人机厂商都采用了三轴稳定航拍云台。三轴稳定航拍云台的优点在于画面清晰稳定,缺点在于造价成本较高,且由于电机控制,所以会降低航拍无人机的续航时间。两轴增稳云台则是三轴增稳云台的缩减版,能够降低成本,省去了垂直方向的稳定补偿,耗电较少,在市场上被低端无人机大量采用,如图2.12所示。

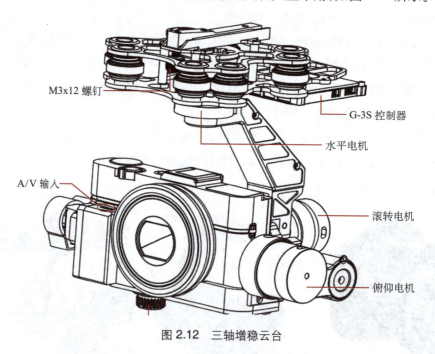

图 2.12　三轴增稳云台

三、镜头

(一) 镜头定义

　　镜头指摄像镜头或摄影镜头,其功能就是光学成像。镜头对成像质量的几个主要指标都有影响,包括分辨率、对比度、景深及各种像差。早期的镜头都是由单片凸透镜构成,因为清晰度不佳又会产生色像差,逐渐被改良成复式透镜,即以多片凹凸透镜组合来纠正各种像差或色差,并且借助镜头的加膜处理增加进光量,减少耀光,使影像的素质大幅提高。

(二) 镜头分类

　　镜头按照焦距可以分为标准定焦镜头、广角镜头、长焦镜头、变焦镜头和鱼眼镜头等类型。

标准定焦镜头焦距为 40～55mm，它是所有镜头中最基本的一种，视角在 45°左右。

广角镜头又被称作短镜头，是一种焦距短于标准镜头长于鱼眼镜头，视角大于标准镜头小于鱼眼镜头的摄影镜头。广角镜头又分为普通广角镜头和超广角镜头。普通广角镜头的焦距一般为 38～24mm，视角在 60°～84°。广角镜头比较适合拍摄较大场景的照片，如建筑、风景等题材。

长焦距镜头是指比标准镜头焦距长的摄影镜头。长焦距镜头可分为普通远摄镜头和超远摄镜头两类。普通远摄镜头的焦距接近标准镜头，超远摄镜头的焦距远远大于标准镜头。以 135 照相机为例，镜头焦距为 85～300mm 的摄影镜头为普通远摄镜头，焦距在 300mm 以上的为超远摄镜头。

变焦镜头是在一定范围内可以变换焦距从而得到不同宽窄的视场角、不同大小的影像和不同景物范围的照相机镜头。变焦镜头在不改变拍摄距离的情况下，可以通过变动焦距来改变拍摄范围，因此非常利于画面构图。一个变焦镜头可以担当起若干个定焦镜头的作用，如图 2.13 所示。

一般消费级无人机都是搭载不可换镜头相机，焦距在 24～35mm 的定焦广角镜头，如图 2.14 所示。专业无人机可搭载单反或微单，有的能搭载中画幅相机。

图 2.13　蔡司 Ventum 21mm f/2.8 镜头

图 2.14　消费级无人机搭载的镜头

（三）尼康镜头标识识别

图 2.15 所示为尼康镜头，简介如下。

（1）AF-S：开始的一组字母代表镜头的对焦方式，AF-S 表示超声波马达自动对焦镜头。

（2）NIKKOR（尼克尔）：尼康镜头的统称。

（3）70～200mm：表示镜头的焦距或焦距变化范围，如 70～200mm 代表最广角端焦距和最远端焦距，该镜头为变焦镜头；如果数字没有范围，只有一个定值（如 50mm），则表示该镜头为定焦镜头。

AF-S　NIKKOR　70~200mm　　f/2.8　G　ED　VR　Ⅱ
①　　②　　　③　　　　　④　⑤　⑥　⑦　⑧

图 2.15　尼康镜头

（4）f/2.8（f/3.5～5.6）：代表镜头在不同焦段的最大光圈值。f 代表光圈数值，即以数值表示镜头的明亮度。f 值越小，进光量越多，快门越快，镜头的明亮度就越高。变焦镜头变焦时，光圈也会随之发生变化。f/3.5～5.6 表示镜头光圈的变化范围。

（5）G：AF-G 镜头，没有光圈环。

（6）ED（超低色散）镜片：Extra-low Dispersion 的简称，一般光学玻璃制成的镜片都存在一定的色散现象，焦距越长色散越明显。尼康研制的超低色散玻璃可以有效减少色散现象。除了 ED 镜片，尼康还有 Super ED 镜片，可提供更好的色散消除效果（ED 镜片对应佳能的 UD 镜片）。

（7）VR（光学防抖）：与佳能 IS 类似，通过镜头内的传感器检测镜头的抖动，然后以相反方向驱动光学组件，补偿抖动带来的图像模糊。最新的第二代 VR 最高可达降低四级安全快门的效果。

（8）II：代表相同规格镜头的第二代（优化改进版）。

（9）DX：尼康非全画幅数码单反格式，与之对应的尼康全画幅数码单反格式是FX。带有 DX 标识的尼康镜头即非全画幅专用的小像场镜头。与佳能不同的是，尼康的 DX 镜头也可以安装并使用在 FX 全画幅数码单反上，只是拍摄的画面四周会出现一个黑色的圈（FX 全画幅单反带有 DX 模式，自动裁切画面中间不受成像圈影响的部分）。

四、滤镜

滤镜作为一种重要的摄影配件，不管是在风光摄影、创意摄影还是视频摄像等应用中一直发挥着重要的作用，而在无人机航拍摄影越来越流行的当下，滤镜与无人机镜头的结合一定会满足不少航拍摄影爱好者的应用需求。滤镜就是拧在镜头前薄薄的玻璃片，不同的滤镜有不同的呈现效果，而且不会产生畸变，重量轻，因此在航拍中得到了广泛应用。

本节主要介绍四种滤镜，分别是 UV 镜、偏振镜、减光镜及渐变镜。

（一）UV 镜

UV 镜原本用于防止胶片曝光偏蓝泛白，现在更多用来保护镜头不被损伤。户外拍摄环境复杂，反复取用无人机易划伤无人机镜头的外层镜片，UV 镜使用加硬镀膜可以起到镜头的保护作用。UV 镜就是紫外线滤色镜，在山地、远景、高空等广阔环境下拍摄时，由于色温高，蓝色波长和紫外线比例成分较大，拍摄的影像会偏蓝，黄红色曝光不足，使用 UV 镜可以有效降低这种现象的发生，如图 2.16 所示。

图 2.16 使用 UV 镜前后的变化

（二）偏振镜

偏振镜又称圆偏振镜，简称 CPL，如图 2.17 所示。偏振镜外观呈灰色，是由一片线偏振镜与一片 1/4 波片（特殊双折射材料）胶合而成。该 1/4 波片的光轴与线偏振镜的偏振光振动方向形成 45°角，光线自线偏振镜一端射入为正向，自 1/4 波片一端射入为反向。正向射向圆偏振镜的自然光，先后通过线偏振镜和 1/4 波片后，即成为圆偏振光，根据线偏振镜之偏振方向与 1/4 波片光轴成 45°夹角时的相对方位不同，可产生右旋圆偏振光或左旋圆偏振光。

图 2.17 偏振镜

在拍摄时，偏振镜能消除非金属表面的反光并增加成像的色彩饱和度，加深天空蓝色，突出白云，使画面更加通透，提高画面的清晰度和表现力。偏振镜经常应用于拍摄玻璃后的景物、清澈透明的水和水下生物等，可以实现数码摄影中无法后期调整的效果，如图 2.18 所示。

图 2.18 使用偏振镜前后的变化

（三）减光镜

减光镜也叫中灰密度镜，分为 ND2、ND4、ND8 三档。ND4 可减少 2 级光圈或 75% 的光量进入相机，镜片对原物体的颜色不会产生任何影响，也能真实再现景物的反差。灰度镜主要的作用是减少进光量实现特殊曝光，还可以大量"抵挡"散射光降低快门速度。很多情况下，由于外界光线强度的关系，无法得到足够长的快门时间，也就无法实现自己的摄影意图。例如，在野外进行水流拍摄的时候，希望用 1 秒钟的快门让水流呈现出棉絮状的柔软质感，但是由于光线强烈，即使用相机的最小光圈和最低 ISO 拍摄，快门速度依然在 1/30 秒左右，这时唯一的办法就是用一块甚至两块 ND8 镜片减少进入镜头的光线。ND2 是减少 1 档曝光，ND4 是减少两档曝光，ND8 是减少三档曝光。有一个简单的公式，假设相机在没有添加 ND 的情况下，正常曝光的快门速度是 T，则加上 ND 后，在同样的光线条件、光圈大小和 ISO 下，正常曝光的快门速度为 T×x，x 是 ND 镜片后面标注的数字，ND4x=4，ND8x=8。由于工艺的原因，ND 后面的系数越大，其对色温的影响也越大。

中性灰镜片（ND）的滤光作用是非选择性的，对各种不同波长的光线的减少能力是同等的、均匀的，也就是说，ND 镜片对原物体的颜色不会产生任何影响，也能真实再现景物的反差（实质上由于工艺的原因，色温还是会产生少量的偏差）。阳光猛烈或灰蒙蒙的阴天，中灰镜对拍摄效果的提高非常明显。它本来用于减少通过镜头的光线，避免画面过曝。在数码摄像中，CCD 曝光宽容度不足的问题一直比较明显，而中灰镜可以抑制高光位，使其实现准确曝光，而对低光位成像影响不大，因此，它对整体画面的曝光影响甚大，特别在风景拍摄中，具有很高的实用性，如图 2.19 所示。

图 2.19　使用减光镜前后的变化

（四）渐变镜

渐变镜也称 GND 滤镜，是摄影艺术创作极为重要的滤镜之一。GND 是减光镜的一种，也是用来减光的，不同的是，GND 是"局部减光"，而 ND 是"全局减光"。

在航拍时，白天天空与地面的"光比"（光比是摄影重要的参数之一，指照明环境下被摄物暗面与亮面的受光比例）较大。由于相机感光组件的宽容度有限，在这种情况下拍摄时，如天空曝光准确，地面就会曝光不足，地面曝光准确，又会使天空曝光过度，尤其是在多云、日出日落、逆光拍摄天空等情况时，光比失衡问题更加突出。渐变镜即为一半透明一半灰色，从而实现部分区域减光而平衡光比，避免高光部分过曝，实现光比平衡。精灵 3 GND0.6 为上半部减光二档，采用轻质 6063 铝材，CR39 光学树脂片，过渡均匀自然，不会增加无人机摄影头重量，适用于大多数白天时风景、城市市景使用。因大部分情况下光比是上半部较大，所以安装 GND 时应尽量使 GND 的灰部分在上半部。同时还要注意，在同样的光线下，物体的反光量并不一样，比如，白色衣服和黑色衣服，白色衣服都过曝了，黑色衣服还没照亮,这就形成了明暗反差。下面这张照片中物体的明暗反差较大,比如,天空和山峰,天空曝光正常,山峰就会欠曝;山峰曝光正常,天空就会过曝,如图 2.20 所示。

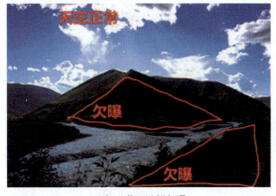
天空正常 # 局部欠曝

天空过曝

图 2.20　正常曝光与非正常曝光

使用渐变镜进行局部减光,则会使亮的地方变暗,暗的地方不变,这样就解决了明暗反差较大的问题,如图 2.21 所示。

使用前

使用后

图 2.21　使用渐变镜前后的效果对比图

五、滤镜的安装与保护

图 2.22 是大疆精灵 Phantom 滤镜的安装步骤。

由于滤镜由脆弱、高精度的镜片构成,通常在购买滤镜时,厂商都会附送专用的滤镜收纳包,在日常使用和储存的过程中,应尽量避免划伤滤镜。由于无人机云台通常还有云台保护,在安装拆卸时往往会不小心碰到镜头,在滤镜上留下指纹等痕迹,擦拭时应尽量使用擦镜布或专用的镜头擦拭纸。

逆时针将 UV 镜头扭松

直接取下 UV 镜

UV 镜取下效果

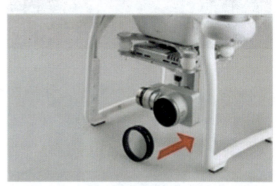
取出待装镜片,套进镜头

顺时针扭上所需安装的效果滤镜

滤镜拧到位即可,无须过紧

图 2.22　滤镜的安装

六、存储介质

无人机相机拍摄的每一幅照片,都是以数字信息的形式储存在数码存储卡上。数码存储卡简称 SD 卡,因为其尺寸小,重量轻成为小型无人机航拍常用的存储介质。存储卡的质量非常重要,码率、容量、写入速度等都是影响存储的关键因素。

码率(Bitrate)是拍摄视频时一个很重要的参数。无人机或相机在拍摄视频时,由于视频文件太大而必须进行有损压缩,所以视频码率越小,代表视频压缩越严重,画质越有可能受到损害,因此,要有好的画质,就需要更大的码率。大疆用于专业影视的悟 2 无人机可拍摄很高质量的视频,因此视频码率巨大。在拍摄 6K RAW 无损视频时,码率最高可达到 4.44 Gbps;即使要拍摄质量略逊的 4k ProRes 422 HQ 有损压缩视频,码率一样接近 1Gbps,如图 2.23 所示。

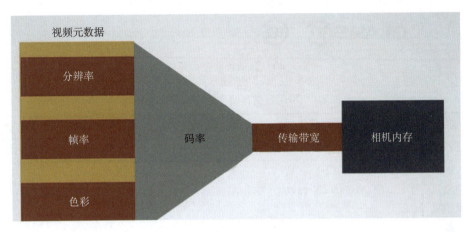

图 2.23　码率

SD 卡的规格基本可分为标准标签、容量标签和速度标签。SD 卡技术由 1999 年发展至今已经过了 20 余年,产生了多个标准,设下了 SD、SDHC、SDXC 和 SDUC 标准四个标准标签。图 2.24 中的 633x 表示光碟机存储的 633 倍速度,早期的通用速度等级标准,Class 等级越高传输速度越快,目前在航拍中,至少要使用 Class 10 级的存储卡。

图 2.24　SD 储存卡

最高速度标准反映的只是存储卡的"读取"速度,读取速度即使再快,也一样会影响画质,所以"写入速度"非常关键。如果需要拍摄高质量视频挑选 SD 卡,需要以"最低写入速度"优先考虑。目前,最低写入速度标签主要分为 Video Speed Class、UHS Speed Class 和 Speed Class(图 2.25)。可以根据不同的拍摄需求,选择不同规格的储存卡,如表 2.1 所示。

CLASS 2	②	读写时的数据传输速度最低 2MB/秒
CLASS 4	④	读写时的数据传输速度最低 4MB/秒
CLASS 6	⑥	读写时的数据传输速度最低 6MB/秒
CLASS 10	⑩	读写时的数据传输速度最低 10MB/秒

图 2.25 数据传输速率等级

表 2.1 不同规格存储卡的存储速率对比

设备	视频规格	场景	需要码率	需要容量
高端单反相机	4K RAW 视频或 4K 60 帧或以上	专业影视制作	200Mbps 以上	64GB 以上
新款无人机 新款运动相机 中阶单反相机	4K 30 帧或 1080P 120 帧以上(慢动作)	专业摄影师 业余爱好者	60～120Mbps	32～64GB
旧款无人机 旧款运动相机 卡片式相机	4K 24～30 帧或 1080P 60 帧	业余爱好者 旅游纪实	20～60Mbps	16～32GB
画质要求不高	1080P 30 帧或以下	社交网络传播	20Mbps 或以下	8～16GB

七、图像传输系统

图像传输系统简称图传，专业叫法是"无线高清视频传输"，相当于无人机的"眼睛"。图传是将无人机上搭载的镜头相机航拍的画面实时传输至显示设备上，使飞行操作人员能够在远距离获得无人机航拍的影像资料，并且能够判别飞机的姿态。图传的主要部分为发射端、接收端和显示端，工作原理是摄像机采集视频，通过接口传输给图传发射机，图传发射机将视频信号发给接收机，接收机再将视频发送至监视器视频显示端。伴随着无人机发展起来的无线高清图传有三个重要的特点，即高清、实时、远距离，如图2.26所示。

无线图像传输质量是决定无人机飞行体验最核心的性能之一，优秀的无线图像传输技术具备传输稳定、图像清晰流畅、抗干扰、抗遮挡、低延时等特性。影响图传性能

图 2.26 图像传输系统

的因素包括信号接收灵敏度、天线、遮挡、电磁干扰。

按照设备类型进行分类,通常分为模拟图传和数字图传,由于数字图传所传输的视频质量和稳定性都要远远高于模拟图传,所以在工业级无人机中都采用数字图传。

模拟图传是指对时间(包括空间)和幅度连续变化的模拟图像信号作信源和信道处理,通过模拟信道传输或通过模拟记录装置实现存储的过程。一般用扫描拾取图像信息和压缩频带等信源处理方法得到图像基带信号,再用预均衡、调制等信道处理方法形成图像通带信号。模拟图传为淘汰的技术,其优势是价格低廉,但其为单载波技术,仅仅在通视环境下应用,不能在阻挡环境和移动中使用。模拟图传视频带宽小、画质较差,通常分辨率为640dpi×480dpi,影响拍摄时的观感,如图 2.27 所示。

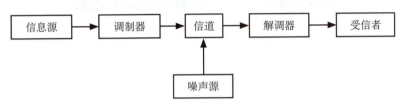

图 2.27　模拟通信系统模型

数字图传是指数字化的图像信号经信源编码和信道编码,通过数字信道(电缆、微波、卫星和光纤等)进行传输,或通过数字存储、记录装置存储的过程。数字信号在传输中的最大特点是可以多次再生恢复而不降低质量,同时具有易于处理、调度灵活、高质量、高可靠、维护方便等优于模拟传输的其他特点,如图 2.28 所示。

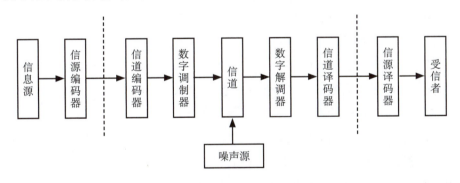

图 2.28　数字通信系统模型

图传一般以通信频段和通信功率来分类,频段有 1.2GHz、2.4GHz、5.8GHz、433MHz;功率有 200mW、600mW、1W、2W 等。一般为了避免和遥控器信号干扰不选择 2.4G,为了不和雷达信号干扰不选择 1.2G,所以大多数选择 5.8G 图传,也就是现在的主流图传。是因为一般的图传信号就是 8 个信道,或者 32 个信道,每个信道的频率都是一致的,因此,不同厂商的 5.8G 图传,发射和接收是可以互相通用的。另外,功率越大传输距离越远,一般 200mW 在无干扰的情况下可以有 800m 的传输距离,而 600mW 则可达到 1.5 公里。一般穿越机选择200mW，航拍会选择600mW或者更大，如图2.29所示。

图 2.29　5.8G 图传与接收机

习　　题

1．简述多旋翼航拍无人机系统的组成。
2．按照旋翼布局无人机分类都有哪些？
3．简述飞行控制系统的组成。
4．镜头按照焦距可以分为哪些类型？
5．考察云台的性能都有哪些？
6．图传按照设备类型都可以分为哪些？
7．数字图传有什么特点？
8．偏振镜主要用于拍摄什么场景？
9．UV镜的主要作用是什么？
10．渐变镜的主要作用是什么？

第三章

摄影基础知识

第一节　相机基础知识

一、光圈

光圈是用来控制光线透过镜头进入机身内感光面光量的装置。光圈是相机的重要参数，它通常在镜头内，它的大小决定了通过镜头进入感光元件光线的多少。光圈大小通常用 F 值表示。光圈的 F 值 = 镜头的焦距 / 镜头口径的直径。要达到相同的光圈 f 值，长焦距镜头的口径要比短焦距镜头的口径大，也就是叶片组成多。完整的光圈值系列为 f/1、f/1.4、f2、f2.8、f4、f5.6、f8、f11、f16、f22、f32、f44 和 f64。值得一提的是光圈 F 值越小，在同一单位时间内的进光量便越多，而且上一级的进光量刚好是下一级的两倍，例如，光圈从 f8 调整到 f5.6，进光量便多一倍，我们也说光圈开大了一级。F 后面的数值越小，光圈越大；光圈越大，进光量越多；F 后面的数值越大，光圈越小，如图 3.1 所示。

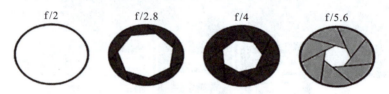

图 3.1　光圈

二、快门

快门的英文名称为 Shutter，快门是用来控制光线照射感光元件时间的装置。快门与镜头无关，只与相机本身有关。快门的主要作用有三点：①通过控制拍摄速度控制进光量，以达到正确曝光的目的；②可以凝固运动状态，使用较快的快门速度（即大速度数值快门）可以将运动中的物体清晰地凝固在瞬间，如运功中的汽车、漫天飞舞的雪花等。尤其是在海边拍摄浪花的时候，使用高速镜头可以凝固海浪的运动，营造出浪花流动、平滑的感觉；③快门的速度也影响影像的清晰度。面对相同速度的运动物体，选用相对高速的快门可以清晰成像，选用低速快门可以达到虚化的效果。

快门速度单位是"秒"。常见的快门数值包括 1、1/2、1/4、1/8、1/15、1/30、1/60、1/125、1/250、1/500、1/1000 等。相邻两级快门速度的曝光量相差一倍，即常说的相差一级。如 1/60 秒比 1/125 秒的曝光量多一倍，即 1/60 秒比 1/125 秒速度慢一级或称低一级。这些数字是实际快门的倒数秒，标识的数字越大，表示速度越快，进光量越少。快门参数界面如图 3.2 所示。

快门速率是指相机快门翻开时曝光快慢的参数,是决定曝光非常重要的一个因素,是掌握无人机航拍必不成少的主要参数之一。运用好快门速率能拍出与众不同的照片。在调节快门速率的时候,需要考虑两个因素:一是无人机在空中受到气流影响,相机容易发生颤动,风越大,相机颤动得越厉害;二是防止过曝,在阳光比较刺眼的时候,使用 f/2.8 的牢固光圈(意味只要少量光进入传感器),调高快门速率,这样照片就不会过曝。此外还需要注意一点,在拍摄照片时,一般要提高快门速度,能够凝固精彩的瞬间,但是,在拍摄视频的时候,快门速度不宜设置过高,因为这种凝固可能会造成动作卡顿不流畅。若快门速度稍微放慢,每一帧视频都会非常自然流畅。

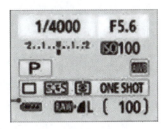

图 3.2　相机参数界面

三、感光度 ISO

感光度又称 ISO 值,是衡量底片对于光的灵敏程度,由敏感度测量学及测量数个数值来决定。感光度是决定航拍质量的重要因素之一。ISO 的值域很广。一般来说,ISO 值小于 800 为低感光度;ISO 值介于 800 和 6400 之间为中感光度,ISO 值大于 6400 为高感光度。无人机的相机传感器尺寸较小,通常在高 ISO 下表现不佳,会产生很多噪点,这在很大程度上限制了可制作的图像质量。感光度越高,画面噪点就越多,画面质量就会越差。为了让无人机保持稳定,可将其设置为 GPS 模式,尽量选择风速较小的白天拍摄,将快门速度设置得非常低,并将 ISO 保持在 100,这种情况下无人机将自行稳定,易于拍到清晰的照片,如图 3.3 所示。

(a) 低感光度效果　　　　　　　　　　(b) 高感光度效果

图 3.3　低感光度与高感光度效果对比图

图 3.3（a）的感光度是 100，照片很清晰；图 3.3（b）的感光度是 3200，照片很模糊。图 3.3（b）中的白色点就是"噪点"。

对于某些特定的拍摄题材来说，高感光度有着重要的意义。比如，拍全速行驶中的赛车，可能要用上数百分之一秒的高速快门，使用高的快门速度，曝光时间极短，即使将光圈开到最大，曝光还是会不足。要想让画面亮度正常，则必须提高感光度，如图 3.4 所示。

低光环境的环境光严重不足，必须增加曝光；但光圈和快门速度的提升范围有限，前者受限于最大光圈值，后者受限于安全快门值。使用高感光度，可以保证正常曝光，虽然对画质有影响，但噪点多些总比整个画面差好很多，如图 3.5 所示。

图 3.4 运动中的赛车

图 3.5 使用高感光度拍摄的夜景（摄影：宋匡）

四、曝光

曝光是摄影艺术的基础，曝光是指相机的感光元件接收外界光线，再形成图像的过程。感光元件接收外界光线的多少直接影响照片的亮度。根据感光元件对光线的接收程度，大致会出现三种情况：曝光不足、曝光正确和曝光过度。曝光不足也被称为"欠爆"，曝光过度也被称为"过爆"，如图3.6所示。

(a) 曝光不足　　　　　　　　(b) 曝光正确　　　　　　　　(c) 曝光过度

图 3.6　曝光的三种情况

通过图3.6可以看出，曝光不足和曝光过度都会影响画面的辨识度，只有正确曝光才能达到最佳的视觉效果。控制曝光的三个参数又称曝光三角，曝光三角对曝光的控制，是摄影中最重要的技巧，曝光三角指快门速度、光圈值与感光度，这三个参数共同决定了画面的明暗：快门速度越低，光圈值越大，感光度越高，画面越亮。除了决定画面明暗之外，这三个参数还会产生其他影响：快门速度影响运动模糊程度，光圈值影响景深大小，而感光度决定噪点多少，如图3.7所示。

图 3.7　"曝光三角"

目前大多数消费级无人机支持自动曝光或手动曝光两种模式，适用于多种场景。在自动曝光模式（Auto 档）下，相机会根据环境自动调整快门、ISO 和光圈（如有）的参数，并提供 EV 值（曝光补偿）参考。可以在相机参数中，通过加减 EV 值调整曝光情况（加亮或变暗），如图3.8所示。

在手动曝光模式（M 档）下可以手动设置快门、ISO 及光圈（如有）参数，让曝光控制更加灵活，如图3.9所示。

由于快门、ISO 和光圈共同作用和影响曝光情况，所以在设置时可以根据图传和 EV 值来判断当前曝光是否合适。一般情况下，为保证画面清晰度，建议适当调低 ISO，再通过延长快门和扩大光圈提亮画面。

此外，在保证曝光合适的前提下，不同的参数组合也能为画面带来不同效果，如缩短快门时间，能够捕捉到运动物体的定格瞬间；相反，延长快门时间，则可以拍摄车流光轨、云层拉丝、镜面湖水等效果，如图3.10所示。

图 3.8 自动曝光模式界面

图 3.9 "手动曝光模式"

图 3.10 快门速度对画面的影响对比图

扩大光圈可以加强背景的虚化效果，聚焦拍摄主体；相反，缩小光圈则可以让背景和拍摄主体保持清晰，如图 3.11 所示。

图 3.11　大光圈与小光圈对画面的影响对比图

在室外拍摄时，移动设备的屏幕容易受到强光干扰而难以看清画面，通过 DJI GO App 中的辅助功能能够更好地控制曝光。

（1）直方图工具能够将相机中的亮度分布情况以柱状图的形式呈现。图 3.12 中从左至右分别表示画面中的黑色、阴影、中间调、高光以及白色的像素数量情况。一般来说，理想状态下的直方图主要堆积在中间区域且向两边均衡分布，表示当前画面曝光适宜、亮部和暗部的细节均得到保留。

当右方像素较多，则表示当前画面的亮度较高，反之则较暗。如果直方图两侧存在切断情况，则表示照片存在欠曝 / 过曝情况，导致暗部 / 亮部细节丢失。此时应确认曝光参数是否设置得当。

但直方图的判断也不尽准确，根据拍摄环境和拍摄效果会存在差异。比如，拍摄夜景时因环境整体偏暗，直方图的分布也会集中在阴影区域。

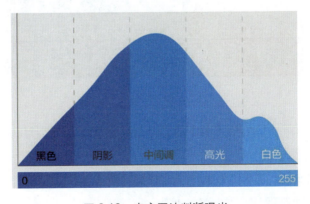

图 3.12　直方图法判断曝光

（2）过曝警告可以更直观地帮助判断照片是否过曝。比如，在拍摄时，由于一些移动设备屏幕的限制，肉眼无法确认亮部是否过曝，开启过曝警告可以得到提醒。

开启过曝警告后，当照片亮部全白时，相机会判断此处为过曝区域，并出现黑白条纹警告，提示应调整曝光。看到黑白条纹时不必惊慌，有时前期拍摄中无法避免的曝光失误，通过后期调整也能力挽狂澜。

针对航拍飞行曝光问题总结以下几点：

（1）自动曝光模式下，可调整 EV 值；手动曝光模式下，可改变快门、ISO 和光圈。

（2）手动曝光技巧：降低 ISO 可减少噪点、提高画质；提高快门速度可使运动物体更清晰。

（3）拍摄运动轨迹：扩大光圈，可虚化背景，还能拍出不同的光效。

（4）辅助曝光判断：直方图看左右两侧，过曝警告看条纹提示。

五、画幅

在胶片时代，相机是通过胶片成像的；而在数码时代，相机是通过感光元件成像的。正如胶片有很多种尺寸一样，数码时代的不同画幅是指各种大小的传感器，画幅就是指相机传感器的大小。根据单反相机 CCD 感光器面积的大小，由大至小分大画幅、中画幅、全画幅、APS-C 画幅、APS-H 画幅等。全画幅的感光元件尺寸为 36mm×24mm，APS-C 画幅相机的感光元件尺寸为 22.7mm×15.5mm，全画幅的感光元件尺寸大约是 APS-C 画幅相机的 2.3 倍，如图 3.13 所示。

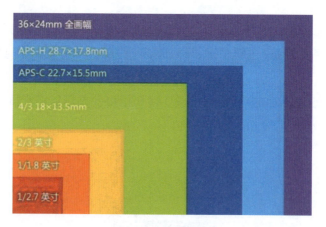

图 3.13　画幅尺寸

可以看出，尺寸不同就是拍摄范围不同。全画幅的感光元件较大，决定了机身也比较大。在图 3.13 画幅的对比图中，紫色是全画幅尺寸，深蓝为 APS-C 画幅尺寸。现在很多微单相机也用上了全画幅的传感器，但是机身很小巧。仔细看图 3.14，非全画幅相当于从全画幅中裁剪出来一样，画质、景深等都要比全画幅差一些。

图3.14 全画幅和非全画幅优劣势对比

（一）全画幅

1. 照片细节更丰富

把传感器放大来看其实就是一个个非常微小的像素点，一般来说传感器越大，所能容纳的像素越多；传感器越大，相机的像素就越丰富，拍出来的照片细节自然更丰富。

2. 噪点更少

同样是2000万像素的摄像设备，2000万像素的手机和2000万像素的相机差距非常大，主要是因为单个像素面积的原因，虽然像素是相同的，但是尺寸大的传感器其单个像素的面积要大很多，从而每个像素都有更多的感光面积。

3. 虚化更好

对于虚化的问题，不能说传感器和景深有着必然的联系，但传感器更大的单反相机及无反相机，其系统能支持更大的光圈、更长焦段的镜头，也就是说传感器越大，更容易拍出背景虚化的效果。

4. 扩展性更强

全画幅机身是不能使用非全画幅镜头的；而全画幅的镜头是可以使用在非全画幅机身上的，只是要换算等效焦距，佳能是1.6，尼康相机是1.5。

（二）非全画幅

传感器越大，相机体积越大；传感器越小，相机体积越小。对于不喜欢笨重、大体积相机的人来说，非全画幅相机体积小、轻便，方便携带，而且非全画幅和全画幅相机相比价格要便宜很多。

六、焦段

焦段是指变焦镜头焦距的变化范围。镜头焦段的划分：标头就是标准镜头，视角在43°左右，这时照片的透视最接近人类眼睛。画幅不同，标头的焦距也不同。135画幅的标准镜头在50mm左右，120画幅的6×6标头焦距为80mm。当焦距小于标头的时候，镜头可以记录更大视角的影像，所以称为广角镜头，这也是目前小型消费级航拍无人机所使用的航拍镜头。在广角镜头下，近的更大，远的会更小，尤其是无人机在风光摄影中可以得到更具视觉冲击力的照片，如图3.15所示。

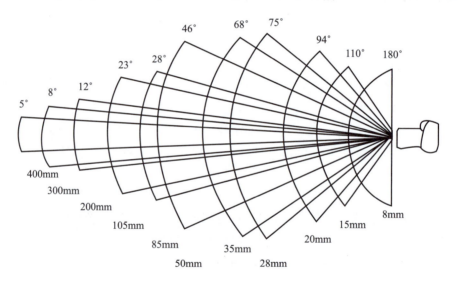

图 3.15 焦段示意图

1. 10～14mm——超广角

超广角镜头适合拍摄大场景。焦距小于20mm（35mm等效焦距）的镜头被称为"超广角镜头"。这是一种极端焦距的镜头，可以把非常大范围内的景象收到画面中，对于拍摄风景来说效果非常好。超广角镜头可以产生非常好的透视效果，从而带来很好的视觉冲击力。缺点是它在拍摄风景的同时也拍摄了过多的天空和前景，把多余的元素也收进了构图中。

2．14～35mm——广角

广角镜头最适合拍摄风景和建筑。

标准的广角镜头焦距在 20～35mm（35mm 等效焦距），镜头越广，透视效果越强（当然也要作前景处理）。虽然 24mm 的焦距可以提供很强的广角透视和很大的景深，但是很多人却不太注意它。28mm 是最普通的广角焦距，能够提供很好的广角效果和很大的景深，便于携带，并且不会对画面产生明显的影响。尽管很多变焦镜头中都有 35mm 这个档，但是 35mm 镜头在自然摄影中运用得较少，用 35mm 镜头拍摄，不会产生很强烈的效果。广角镜头在拍摄风景、制造透视效果和产生更大景深方面效果非常好，另外在移动范围有限的条件下，用它拍摄也非常好。

3．35～85mm——标准焦段

标准焦段适合人文、人像类摄影。

4．50mm——标准焦段

50mm 是需要重点介绍的一个特殊焦段，纪实类的照片使用 50mm 标准焦段可以忠实地记录看到的东西。

5．85～135mm——中焦段

85～135mm 焦段特别适合拍人像特写。

6．135mm 以上——长焦段

135mm 以上焦段是远摄镜头，适合拍摄体育、新闻、野生动物等。

七、白平衡

白平衡的英文名为 White Balance，是指在任何拍摄场景的光源下，都能将白色的物体还原为白色。相机的白平衡控制，就是相机在不同的光线环境中将拍出来的白色物体尽可能还原为标准的白色，其实就是为了使相片不发生偏色。相机对光源的色温补偿能帮助图像精确反映被拍摄物体的色彩状况。

色温是照明光学中用于定义光源颜色的物理量。在生活中，常见的色温如烛光（1900K）、正午的太阳光（5600K）。图 3.16 显示了不同场景下不同光源的色温变化。

（1）当色温小于 3300K，场景的颜色表现出偏红的效果，属于暖色调，具有温暖稳重的氛围效果。

（2）当色温在 3300～5000K 时属于中间色调（白），具有爽快明朗的氛围效果。

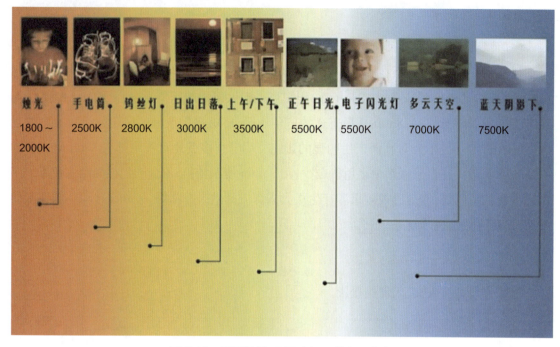

图 3.16 不同场景、不同光源下的色温变化

（3）当色温大于 5000K 时，场景的颜色表现出偏蓝的效果，属于冷色调，具有寒冷的氛围效果。

自动白平衡是在相机中设定白色基准点，通过算法对光照环境进行补偿，最终呈现拍摄物体真实颜色的技术。但在一些极端环境下如光照环境复杂的舞厅、大面积的绿地、枯草地等，相机的自动白平衡功能就不能很好地识别光照环境，会出现混乱，此时就需要手动进行设置。

（一）前期拍摄的白平衡设置

在拍摄时经常会使用"自动白平衡"（AWB）功能，但当画面出现偏色现象时，可以通过手动调整白平衡纠正色温，并且有多个场景预设，如图 3.17 所示。

图 3.17 白平衡设置

在 DJI GO 及 DJI GO 4 界面中，可以将白平衡设置为如下几种模式。

（1）自动：设备根据拍摄现场的色温自动调整白平衡。除了极端环境或拍摄需要外，在大部分场景下均可适用。

（2）阴天：阴天天气下画面色温较"冷"，使用此模式时，设备会进行比较大幅度的调"暖"动作。

（3）晴天：多为在室外拍摄时阳光较强的情况下使用，效果与"阴天"模式相反。

（4）白炽灯与荧光灯：针对不同的光源进行调节，也可用于创意拍摄。

（5）自定义：DJI GO 4 可以手动滑动调整色温范围，可调整幅度为 2000K～10000K。

在拍摄夜景时，尽管自动白平衡可以比较准确地还原拍摄物的色彩，但同时会削弱环境光带来的色彩氛围，这时可以手动设置白平衡，如图 3.18 所示。

图 3.18　高平衡值下拍摄的夜景

在色温较低的灯光下拍摄，自动白平衡虽然还原了白色，但是整体环境却会失色。此时，如将白平衡调节为较低 K 值，则可以让整体拍摄效果更加丰富，更适宜观赏。调整后的效果如图 3.19 所示。

图 3.19　较低白平衡值下拍摄的夜景

（二）后期如何调节白平衡

在拍摄时，受移动设备屏幕及环境光线的干扰，可能无法准确判断色温是否正常，在后期处理时，也能调整照片色温。如果是拍摄照片，建议选择拍摄 RAW 格式文件。RAW 格式文件可以记录拍摄的原始数据，可在后期制作中做到无损调节。大部分计算机软件，如 Photoshop、Lightroom 等都可以对 RAW 进行色温等参数的调节。

八、景深

景深（Depth of Field，DOF）是指在摄影机镜头或其他成像器前沿能够取得清晰图像的成像所测定的被摄物体前后距离范围。光圈、镜头及拍摄物的距离是影响景深的重要因素。

光轴平行的光线射入凸透镜时，理想的镜头应该是所有的光线聚集在一点后，再以锥状扩散开，这个聚集所有光线的一点，就叫作焦点，如图 3.20 所示。

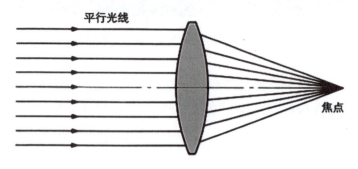

图 3.20　焦点示意图

光线在焦点前后开始聚集或扩散,点的影像变模糊,形成一个扩大的圆,这个圆就叫作弥散圆,如图 3.21 所示。

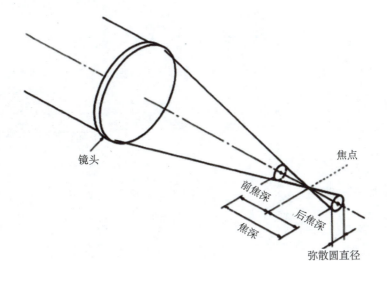

图 3.21　弥散圆示意图

聚焦完成后,焦点前后范围内呈现清晰图像,这一前一后的距离范围叫作景深,如图 3.22 所示。

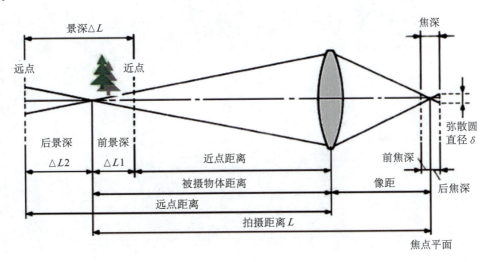

图 3.22　景深示意图

大景深是指照片的纵向清晰范围较大,焦点前后有比较大的一段范围内景物非常清楚,多用于风光摄影,如图 3.23 所示。

小景深是指焦点之后的景物被虚化,主体更突出,多用于人像、特写等摄影,如图 3.24 所示。

图 3.23 大景深

图 3.24 小景深

景深的计算公式如下。

（1）镜头光圈：光圈越大，景深越浅；光圈越小，景深越深；

（2）镜头焦距：镜头焦距越长，景深越浅；焦距越短，景深越深；

（3）主体与背景距离：距离越远，景深越浅；距离越近，景深越深；

（4）主体与镜头距离：距离越远，景深越深；距离越近（不能小于最小拍摄距离），景深越浅。

在摄影作品中,恰当地结合前景、中景和背景,可以营造出画面的景深,从而使画面更加丰富和饱满,画面中的主体也会更加突出。但航拍作品通常缺乏前景元素,因此,航拍作品容易缺少景深,显得较为扁平,这个问题让许多航拍摄影师困扰不已。下面推荐几种增加景深的方法。

(1)如果想让构图更具层次感,最好的办法是降低无人机的高度,让树枝、建筑或其他较高的物体靠近镜头,让照片拥有前景。如果能从树枝的空隙中拍摄,效果会更好,这种拍摄方法营造出了神秘的窥视感,也常被摄影师称为"窥视构图法"。

(2)通过轻微降低前景的饱和度或(/和)亮度,同时运用暗角和引导线增强景深。这种方法与后期暗角处理相似,但对照片底部的调整力度更大,如图 3.25 所示。

图 3.25　同时运用了暗角和引导线两种方法增强景深(摄影:宋罡)

(3)通过镜头的对焦营造航拍照片的景深。目前,除了大疆精灵 Phantom 4 Pro 拥有 F2.8-11 可调光圈外,许多消费级无人机的相机目前没有很强的虚化和景深功能。如果所使用的航拍无人机没有配备这样的镜头,可以进行后期处理,通过移轴或高斯模糊达到虚化的效果。

现今的修图软件功能十分强大,Adobe Lightroom 的"去霾"功能,或者 Macphun Luminar 的 Accent AI 滤镜都能将天空中的雾霾立刻消除。去除背景中的阴云和雾霾需要结合实际情况考虑,完全去掉也不一定最好,有时留下一些阴云,还能为照片带来一种远眺的观感,让摄影作品更富层次感。

九、像素、分辨率

(一)像素

像素的英文为 pixels,像素是构成数码影像的基本单元,通常以像素每英寸 PPI(pixels per inch)为单位表示影像分辨率的大小,因此,像素是指摄像头的分辨率,像素越大,表示光敏元件越多，相应的成本就越大。每张图片都是由色点构成的，每个色点称为一个像素。一张图片由 80 万个色点组成，这个图片的像素就是 80W。如果照相机的感光器件有 200 万个，相机就是 200W 像素的相机，如图 3.26 所示。

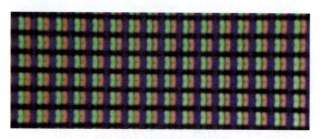

图 3.26　像素点

（二）分辨率

图像分辨率是指每英寸图像内的像素点数。图像分辨率的单位叫作像素每英寸。分辨率越高，像素的点密度越高，图像越逼真，这就是为什么大幅喷绘要求图片分辨率要高，就是为了保证每英寸的画面上拥有更多的像素点。

屏幕分辨率：屏幕分辨率是指屏幕每行的像素点数×每列的像素点数，屏幕分辨率越高，所呈现的色彩越多，清晰度越高。

目前所使用的主流航拍无人机的图像分辨率有 720P（高清）、1080i、1080P（全高清）、4K（超高清）。

720P 分辨率为 1280×720，长宽比 16∶9。720P 是一种在逐行扫描下达到 1280×720 的分辨率的显示格式，兼顾了清晰度和画质。720P 是 1280×720=921600，即分辨率为 921600，接近 100 万像素（1280 是按照 16∶9 算出来的，4∶3 的另算，后续都按照 16∶9 来算）其中 P 是逐行扫描的简称。

1080i 分辨率是 1920×1080，长宽比 16∶9，i 是 interlace，代表隔行扫描。这种清晰度的视频格式比较少见。

1080P 分辨率是 1920×1080，长宽比 16∶9，P 是 Progressive，代表逐行扫描。是目前主流的全高清格式。1080P 是 1920×1080 =2073600，即分辨率为 2073600，大约 200 万像素，所以一般 200 万像素又称 1080P。

4K 分辨率是 4096×2160，4096×2160 的分辨率可提供 880 多万像素，实现电影级的画质，属于超高清分辨率。在数字技术领域，通常采用二进制运算，而且用构成图像的像素描述数字图像的大小。由于构成数字图像的像素数量巨大，通常以 K 来表示。2^{10} 即 1024，因此 1K=2^{10}=1024，2K=2^{11}=2048，4K=2^{12}=4096。当分辨率为 4096×2160 时，4096 表示水平方向的像素数，2160 表示垂直方向的像素数，市面上常见的 3840×2160 也可以叫作 4K 分辨率。标准 4K 分辨率正好是 2K 分辨率 2048×1080 像素点数量的 4 倍，也是 1K 分辨率1024×540像素点数量的16倍。在一些屏幕较大的显示器上有较明显的差别，4K分辨率约是全高清的4倍，高清的9倍，所以相对于前两者来说清晰度大有提升，但是功耗相对较大。

几种分辨率的色彩还原度不同：4K的色彩还原度最高，1080p的色彩还原度其次，720p的色彩还原度低于前两者。目前、DJI的精灵4pro等机型都可以拍摄4K视频，如图3.27所示。

图3.27　DJI精灵4无人机

第二节　素 材 格 式

（一）图片格式

图片格式是计算机存储图片的格式，常见的存储格式有BMP格式、TIF格式、GIF格式、JPEG格式、PNG格式、RAW格式、TIFF格式等。普通航拍无人机通常使用的图片格式有三种，分别是JPEG、RAW、JPEG+RAW。

JPEG格式是最常用也是当前比较流行的图片存储格式。JPEG是一种有损压缩格式，能够将图像压缩在很小的储存空间，图像中重复或不重要的资料会被丢失，因此容易造成图像数据的损伤，在后期也无法恢复。尤其是使用过高的压缩比例，将使解压缩后恢复的图像质量明显降低，如果追求高品质图像，不宜采用过高压缩比例。但是JPEG压缩技术十分先进，它用有损压缩的方式去除冗余的图像数据，在获得极高的压缩率的同时可以展现十分丰富生动的图像，换句话说，就是可以用最少的磁盘空间得到较好的图像品质。而且JPEG是一种很灵活的格式，具有调节图像质量的功能，允许用不同的压缩比例对文件进行压缩，支持多种压缩级别，压缩比率通常在10∶1到40∶1之间。压缩比越大，品质越低；相反地，压缩比越小，品质越好。

RAW 格式是一种原始数据文件格式，每个像素信息都能保存下来。在拍摄时，CCD（或 CMOS）会以电平的高低记录每个像素点的光量，然后数码相机将这些电信号转化为相应的数字信号，一般信号被记录为 12 位或 14 位的数据。也就是说 RAW 相当于一个文件夹，里面会有应用现场环境的全部数据。照相机内置图像处理器通过这些 RAW 数据进行插值运算，计算出三个颜色通道的值，输出一个 24 位的 JPEG 或 TIFF 图像。虽然 TIFF 文件保持了每条颜色通道的 8 位信息，但它的文件大小比 RAW 更大（TIFF：3×8 位颜色通道；RAW：12 位 RAW 通道）。JPEG 通过压缩照片原文件，可减少文件大小，但压缩是以牺牲画质为代价的。因此，RAW 是上述两者的平衡：既保证了照片的画质和颜色，又节省了存储空间（相对于 TIFF）。一些高端的数码相机更是能输出几乎无损的压缩 RAW 文件。此外，许多图像处理软件可以对照相机输出的 RAW 文件进行处理，这些软件提供了对 RAW 格式照片的锐度、白平衡、色阶和颜色的调节。此外，由于 RAW 拥有 12 位数据，可以通过软件，从 RAW 图片的高光或昏暗区域捕捉照片细节，这些细节不可能在每通道 8 位的 JPEG 或 TIFF 图片中找到。

选择 RAW+JPEG 这种存储格式后，拍一次，相机会存储两张照片，一张是 JPEG 格式，字节较小；另一张是 RAW 格式，字节较大。使用读卡器导出，直连相机，可能只看见两张一模一样的 JPEG 格式。同一张照片一张保存为 JPEG 格式的图像文件（经过机内软件转换），另一张保存为 RAW 数据格式，可以在计算机上通过更专业的图像软件进行修改和润色。由于同时存了两张照片，这种存储格式最占用存储卡空间，如图 3.28 所示。

图 3.28　DJI GO4 App 照片格式界面

（二）视频格式

视频格式是视频播放软件为了能够播放视频文件而赋予视频文件的一种识别符号。视频格式可以分为适合本地播放的本地影像视频和适合在网络中播放的网络流媒体影像视频两大类。尽管后者在播放的稳定性和画面质量上可能没有前者优秀，但网络流媒体影像视频的广泛传播性使之正被广泛应用于视频点播、网络演示、远程教育、网络视频广告等互联网信息服务领域（见表 3.1）。

表 3.1　视频格式一览表

视频格式	优缺点
AVI	不能很好支持主流编码格式
WMV	兼容性低
WKV	软件支持欠缺
MOV	对主流编码格式支持好，推荐在视频输出时使用
MP4	对主流编码格式支持好，推荐在视频输出时使用

目前经常使用的主流视频格式为 AVI 格式、3GP 格式、RMVB 格式、FLV 格式、WMV 格式等。例如精灵 Phantom 系列和"御"Mavic 系列等常见的无人机型号的相机，都支持 MOV 与 MP4 两种格式，其主要的作用就是视频封装，相当于一种容器。

MOV 是视频格式，主要是指相机拍摄出来的视频格式，这个格式任何播放器都可以使用。少部分播放器不支持此格式，MOV 视频格式具有跨平台、存储空间小等技术特点，而采用了有损压缩方式的 MOV 格式文件，画面效果较 AVI 格式稍微好一些。到目前为止，它共有 4 个版本，其中以 4.0 版本的压缩率最好。这种编码支持 16 位图像深度的帧内压缩和帧间压缩，帧率每秒 10 帧以上。同时，MOV 文件格式支持 25 位彩色，支持领先的集成压缩技术，提供 150 多种视频效果，并配有提供了 200 多种 MIDI 兼容音响和设备的声音装置。无论是在本地播放还是作为视频流格式在网上传播，都是一种优良的视频编码格式。

MP4 视频格式同时也是无人机在进行航拍时选用最多的格式。MP4 是一种经过标准化的通用格式，支持更广泛一些。H.264 编码指定使用的标准封装格式，优点在于大幅提高了编码效率，且体积小、画质佳，适合网络传输，平台兼容性强；缺点在于解压需要大量的云计算，对计算机的载荷比较大。

（三）视频编码方式

视频编码方式是指通过特定的压缩技术，将某个视频格式的文件转换成另一种视频格式文件的方式。编码格式是指数据按哪种方式编码压缩，更便于网络的传输和降低带宽的需要。文件格式是指将内容按具体的编码格式压缩后，以该文件所规定的格式进行封装。文件播放按容器数据的存放方式解析，提取编码数据然后解码后交由播放设备进行播放。视频流传输中最重要的编解码标准有 H.261、H.263、H.264 等格式，可以让视频的文件体积小且最大水平保存视频原有的画质，如图 3.29 所示。

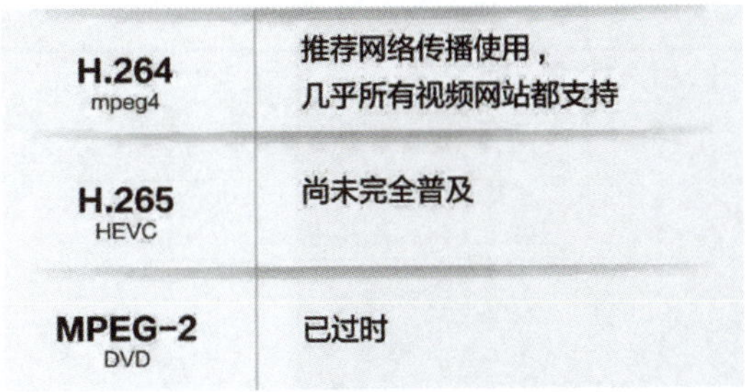

图 3.29　三种视频编码格式特点对比

第四章

无人机操控

第四章 无人机操控

第一节 航拍飞行注意事项

近年来,我国民用无人机市场呈现井喷式发展,特别是航拍领域发展异常火爆,但同时也暴露出了很多问题,例如违规飞行、在机场航路、航线附近等禁飞区域绕航、侵犯公民隐私、"坠机伤人"等,对航空安全和社会公共安全都产生了严重的威胁,因此安全问题的重要性毋庸置疑。无人机操作人员应该熟悉无人机操作的相关知识和法律条文才能够安全合法飞行,如图 4.1 和图 4.2 所示。

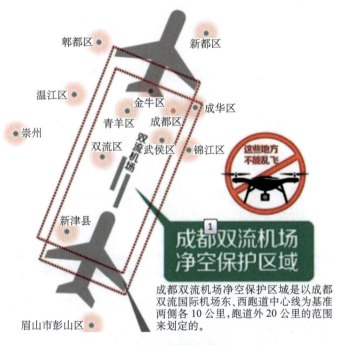

图 4.1 无人机扰航事件

图 4.2 无人机伤人事件

一、飞行前注意事项

(1) 在使用无人机进行飞行活动之前,应仔细阅读使用说明,充分了解其性能及注意事项。

(2) 无人机上电之前,应检查无人机的外观及相关零部件,如螺旋桨有没有松动或裂纹,安装方向是否正确,安装是否紧固,螺旋桨动平衡特性是否良好。

(3) 检查机身,如电机是否松动,螺丝是否紧固。

(4) 检查遥控器,如智能飞行电池及移动设备电量是否充足,电池是否紧固。

(5) 检查无人机重心是否正确。

(6) 检查无人机电线外观是否完好,有无刮擦脱皮等现象。

(7) 检查无人机相机云台及其他相关任务设备是否能够正常工作,Micro SD 卡是否已经插入,航拍相机镜头是否有污染物。

(8) 检查磁罗盘、IMU 等指向是否与无人机机头方向一致。如果本次飞行与上次飞行场地变化较大时,无人机起飞前需要进行磁罗盘校准。

(9) 检查通信链路是否工作正常,图像传输系统是否工作正常,GPS 卫星数据是否正常。

(10) 检查遥控器设置是否正确,操作方式是否正确,各挡位是否处在相应位置。

(11) 注意无人机通断电顺序,起飞前打开遥控器再接通飞机电源;降落时先断开无人机动力电源再关闭遥控器。

二、飞行环境安全评估检查

(1) 起飞前应仔细检查周围是否存在干扰源,如信号发射塔、通讯基站、高压线及大型矿场、大型金属构造建筑物等。

(2) 恶劣飞行环境下禁止飞行,如风力达到五级及以上,下雨、下雪、大雾天气下禁止飞行。

(3) 飞行前应仔细查询所处位置是否处于民航机场禁飞区和限飞区域,飞行路线是否会干扰民航飞机飞行安全,应严格遵守相关法律。

(4) 飞行前应了解周围是否存在军事区域,国防重点保护设施、政府机关、火车站、铁路周围、公路、广场等人流密集场所禁止飞行。

(5) 不建议在鸟群生活栖息密集地飞行,例如海鸥领地意识极强,可能会对飞行安全产生威胁。

第二节　飞行基础训练

（一）认识遥控器摇杆操作方式

遥控器摇杆操作方式分为日本手、美国手及中国手，如图4.3～图4.5所示。

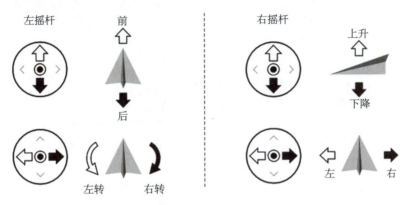

图 4.3　日本手操作方式

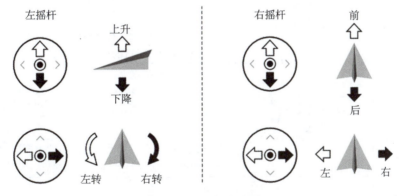

图 4.4　美国手操作方式

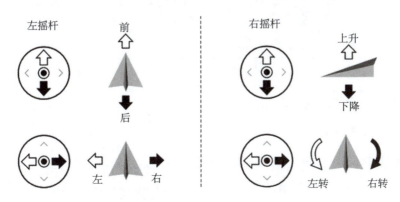

图 4.5　中国手操作方式

表 4.1 是以美国手遥控器为例详述遥控操作方式。

表 4.1　美国手遥控器操作方式

遥控器（美国手）	无人机（⬅为机头朝向）	控　制　方　式
		油门摇杆用于控制无人机升降。 往上推杆，无人机升高。往下拉杆，无人机降低。 中位时无人机的高度保持不变（自动定高）。 无人机起飞时，必须将油门杆往上推过中位，无人机才能离地起飞（请缓慢推杆，以防无人机突然急速上冲）
		偏航杆用于控制无人机航向。 往左打杆，无人机逆时针旋转。往右打杆，无人机顺时针旋转。中位时旋转角速度为零，无人机不旋转。 摇杆杆量对应无人机旋转的角速度，杆量越大，旋转的角速度越大
		俯仰杆用于控制无人机前后飞行。 往上推杆，无人机向前倾斜，并向前飞行。往下拉杆，无人机向后倾斜，并向后飞行。中位时无人机的前后方向保持水平。 摇杆杆量对应无人机前后倾斜的角度，杆量越大，倾斜的角度越大，飞行的速度也越快
		横滚杆用于控制无人机左右飞行。 往左打杆，无人机向左倾斜，并向左飞行。往右打杆，无人机向右倾斜，并向右飞行。中位时无人机的左右方向保持水平。 摇杆杆量对应无人机左右倾斜的角度，杆量越大，倾斜的角度越大，飞行的速度也越快
		按下摇控器上的"智能飞行暂停按钮"退出智能飞行后，无人机将于原地悬停

（二）无人机基本训练

1. 对尾悬停基础训练

无人机尾部朝向飞手，升空完成悬停，尽量保持在定点不动。这是最基本的遥控操作科目，99% 的飞手都从该项开始无人机飞行。使无人机尾部朝向自己，能够以最直观的方式操控无人机，降低视觉方位给操控带来的难度，如图 4.6 所示。

对尾悬停可在初期锻炼飞手在操控上的基本条件反射，熟悉飞机在俯仰、滚转、方向和油门上的操控。完成对尾悬停练习，意味着飞手从"不会玩"正式进入"开始玩"的阶段。

对尾悬停要领：应尽量保持定点悬停，控制无人机基本不动或尽量保持在很小的范围内漂移。培养无人机在有偏移的趋势时给予纠正的能力，这对后面的飞行至关重要，切忌盲目信。

图 4.6　对尾悬停

2．侧位悬停基础训练

侧位悬停即无人机升空后，相对于操控手而言，机头向左（左侧位）或向右（右侧位），完成定点悬停，这是对尾悬停过关后首先要突破的一个科目。

侧位悬停能够极大地增强飞手对飞机姿态的判断，尤其是远近的距离感。对于一个新手来说，直接练习侧位悬停的风险很大，因为飞机横侧方向的倾斜不好判断。可以从45°斜侧位对尾悬停开始练习，这样可以在方位感觉上借助对尾悬停继承下来的条件反射。当斜侧位对尾完成后，再练习侧位悬停，会较容易完成。

需要指出的是，一般人都有一个侧位是自己习惯的方位（左侧位或右侧位），这是正常的。但不要只飞自己习惯的侧位，一定要左右侧位都练习，直到将两个侧位在感觉上都熟悉为止。侧位悬停的难度比对尾悬停高，可在4级风下3米直径空间内保持7秒以上的定点悬停，就是过关。

飞好侧位悬停后，意味着小航线飞行成为可能，操控手终于可以突破悬停飞行的枯燥转而进入航线飞行。

3．对头悬停基础练习

对头悬停即无人机升空后，相对于操控手而言，机头朝向操控手，完成定点悬停，如图4.7所示。虽然完成侧位悬停后，理论上可以进行小航线飞行，但仍建议练好对头悬停练习。对于新手而言，对头悬停是异常困难的，因为除了油门以外，其他方向的控制对于操作手的方位感觉来说，跟对尾悬停相比都是相反的。尤其是前后方向的控制，推杆变成了朝向自己飞行，而拉杆才是远离。新手如果由于不习惯而犯错，后果非常危险。

可以先尝试45°斜对头悬停，再逐渐转入正对头悬停，这样可以慢慢适应操控方位上的感觉，能有效减少炸机的概率。对头悬停对于航线飞行来说非常重要，好好练习，一定要把操控反射的感觉培养到位，为今后进入自旋练习打好基础。

图 4.7　对头悬停

把机头朝向自己有种美妙的感觉,就像无人机在与飞手进行面对面的交流。对头悬停的过关标准与对尾悬停是一样的,可在5级风下把无人机控制在2米直径空间内超过10秒即可过关。

4. 小航线飞行基础练习

无人机升空后,使用方向舵进行转弯,不用或尽量少用副翼转弯,顺时针或逆时针完成一个闭合运动场型航线。小航线飞行是4位悬停(对尾、两个侧位、对头)过关后首先应进行的科目,这是所有航线飞行的基础。

对于一个4位悬停已经熟练的飞手来说,会发现小航线飞行是如此简单。相反,如果4位悬停并没有真正过关,那么小航线飞行就是一种挑战。刚开始进行小航线飞行的窍门在于一定要注意控制无人机前进的速度,过快的前进速度会给新手的小航线飞行带来意想不到的困难。转弯时应控制适当的转向速度,不要着急,在4位悬停已经熟练的情况下,缓慢有节奏的转向才是正确的做法。再强调一下,顺时针小航线和逆时针小航线都要飞行熟练。虽然对大多数人来说都是一个方向的航线飞行较为习惯,但双向航线飞行的熟练对于后面的其他科目来说至关重要。请按照高标准的要求进行小航线飞行练习,不要放任无人机想往哪儿飞就往哪儿飞。

小航线动作的过关标准是:直线飞行时控制好航线的笔直,转弯飞行时控制好左右弯半径的一致。在整个航线飞行过程中应尽量保持速度一致,高度一致。在4级风内做到上述标准即可过关。

5. 8字小航线飞行基础练习

无人机升空后,使用方向舵进行转弯,不用或尽量少用副翼转弯,在水平方向上顺时针或逆时针完成一个8字航线。

8字小航线飞行能帮助操控手进一步熟悉航线飞行的空中方位和手感,对于一个全面的飞手来说至关重要。

如果已经将顺时针、逆时针小航线飞行都掌握得很熟练了,那么8字小航线飞行就非常容易完成了。如果在实际飞行中仍然感到8字小航线飞行较为困难,说明顺时针、逆时针小航线飞行甚至4位悬停并未真正过关。

8字小航线飞行可以在很大程度上培养飞手在航线中对无人机方位感的适应性,又能在一个航线中同时练习向左转弯和向右转弯,是初级航线飞行必练的科目。开始可以根据自己的习惯选择在两侧转弯的方向,但最终一定要练到所有方向,即左侧顺时针转弯、右侧逆时针转弯、左侧逆时针转弯和右侧顺时针转弯。

8字小航线飞行的诀窍在于:根据自己的能力控制飞机前行的速度,并在航线飞行过程中不断纠正姿态和方位,努力做到动作优美、规范。标准的8字小航线飞行为:左右圈飞行半径一致,8字交叉点在操控手正前方,整个航线飞行中飞行高度一致、速度一致。如能在 4 级风下基本达到上述标准，则说明 8 字小航线飞行过关。当慢速飞行已经不能挑战操控能力时，尝试一下加快飞行速度，如图 4.8 所示。

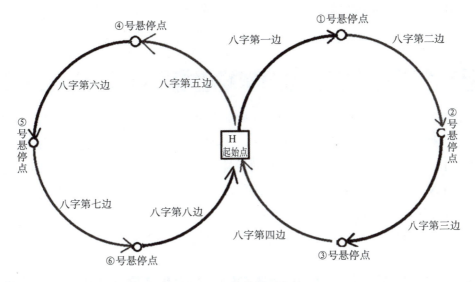

图 4.8　八字小航线飞行练习

第三节　飞行模式

一、GPS 模式

GPS 模式也称为定位模式，根据 GPS 卫星信号，使用 GPS 模块实现定点，从而实现精确悬停、指点飞行、自动修正偏移、航线规划等。DJI 无人机称为"P 模式"建议新手使用该模式进行飞行操作。

二、姿态模式

姿态模式下，无人机不使用 GPS 模块，不能自动修正偏移量，无法悬停，这时飞控的主要作用是保持平衡，需要不断地修正无人机方向。姿态模式下考验的是飞手对无人机的操控性，大疆无人机称为 A 模式。A 模式是半手动的姿态模式，在使用时无人机的表现与 P-Atti 模式（姿态模式）相同，竖直方向比较稳定，水平方向表现为自然漂移。这一模式是手动选择不使用 GPS 模块，使无人机不使用卫星信号增稳。与 P-Atti 的最大区别在于 A 模式是主动选择使用姿态模式，而 P-Atti 模式则是由于条件不足被迫进入姿态模式。

简单概括就是不使用 GPS 定位辅助，通过飞机内置的陀螺仪、气压计或光流传感器保持高度，不能自动修正偏移，要通过控制器保证平衡，操作难度较大，不建议新手尝试。

三、手动模式

飞机在空中不可以精准悬停,也不能够保持平衡,在该模式下需要飞手不停地修正飞机的姿态。

四、F模式(智能模式)

F模式是智能应用模式,目前仅能使用F模式中的航向锁定功能。航向锁定功能可确定一个飞行坐标系,X轴正方向为水平向右,Y轴正方向为水平向前。当无人机处于航向锁定状态时,无论机头朝向是哪边,无人机对遥控信号的响应如下:控制无人机向右飞行时,飞行方向与X轴正方向一致;控制无人机向前飞行时,飞行方向与Y轴正方向一致。因此,航向锁定又称为无机头模式。

简单概括就是航向锁定后,无人机飞行的方向不会因为机头的改变而改变。

五、S模式(运动模式)

运动模式是DJI精灵4新加入的模式,除了保持与P模式相同,通过GPS模块和障碍感知系统实现精准悬停、指点飞行、智能跟随与高级模式等功能以外,在无人机操控感上加以调整,提升最大飞行速度,最大可达20m/s。

运动模式主要用于拍摄高速运动目标,如平时看到的公路旅途大片,赛车实时跟随等。运动模式下可通过GPS模块进行悬停,但视觉避障系统会自动关闭,换言之运动模式不会自动刹车和躲避障碍。

运动模式飞行速度以及升降速度都比P模式快很多,使用这种模式时务必要观察无人机周边环境,确定安全才可进行飞行。一般这种模式建议对无人机操控有一定了解的人员使用,不要因为盲目追求速度而去开S档,往往炸机事故就是这样产生的。

使用DJI无人机需要切换飞行模式,在App相机界面中找到"飞控参数设置",选择"高级设置",打开"允许切换飞行模式",才能使遥控的模式切换生效。否则遥控器切换档位后,无人机仍是默认的P模式。

六、兴趣点环绕模式

记录兴趣点后可控制无人机围绕兴趣点飞行(即兴趣点环绕模式)。该模式是指无人机环绕用户选取的某个静态景物兴趣点自动飞行的功能,如图4.9所示。

图 4.9　兴趣点环绕航拍模式

选取兴趣环绕点应注意以下问题。

（1）建议选取稍远（> 10 m）的静态景物，比如大楼、山、房子等，不建议选取近处的地面、人物、移动的车等作为目标。

（2）框选的景物需具有一定纹理，若框选的目标为空旷的蓝天，则无人机无法测量。框选的景物不宜太小，否则无法提取足够的视觉特征进行距离测算。

（3）尽量框选景物的完整轮廓，否则当环绕到景物侧方时，景物可能不在屏幕正中。

七、智能跟随模式

基于图像的智能跟随功能，对人、动物、自行车、摩托车、小轿车、卡车、船等物体有识别功能，在跟随不同类型的物体时将采用不同的跟随策略。用户可通过单击 DJI GO4 App 相机界面中的实景图选定目标。选定目标后，无人机将通过云台相机跟踪目标，无人机与目标保持一定距离并跟随飞行。整个跟随过程中，无须借助 GPS 外置设备即可完成跟随功能，如图 4.10 所示。

图 4.10　智能跟随拍摄模式

图 4.11 所示为无人机的普通、锁定和平行三种模式的比较。

普通模式	锁定模式	平行模式
无人机保持与目标的相对距离,寻找最短的路径跟随目标。跟随过程中可以通过横滚杆改变跟随角度或实现环绕目标。通过拖动目标下方的滑块可实现自动环绕目标	带有航向锁定功能。初始化目标后,相机将始终跟随拍摄对象。跟随的结果仅用于控制无人机的航向角和云台的移动,使无人机一直看向跟随目标,但不主动跟随目标移动,用户需要通过摇杆控制飞行。此时偏航杆不能控制无人机航向,云台控制拨轮不再控制云台角度,而是对画面进行动态构图控制。此模式无视觉避障功能,请确保在空旷无遮挡环境下使用	无人机始终保持相对目标的拍摄和跟随角度,实现正面或侧面跟随。跟随过程中可以通过横滚杆改变跟随角度或实现环绕目标。此模式下无视觉避障功能,请确保在空旷无遮挡环境下使用

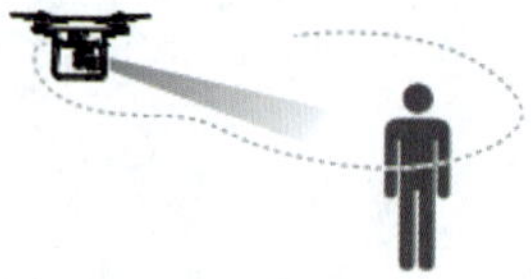

图 4.11　三种飞行模式

使用智能跟随飞行过程中,无人机会根据视觉系统与红外感知系统提供的数据判断机身周围是否有障碍物,然后选择悬停或绕过障碍物。若跟随目标移动速度过快或长时间被遮挡,则需要重新选定跟随目标。

使用智能跟随模式需注意以下问题。

（1）需在无人机的跟随路径上始终避让人、动物、细小物体（如树枝或电线等）或透明物体（如玻璃或水面）。

（2）始终留意来自无人机四周（特别是后方、左方和右方）的物体,并通过手动操作遥控器避免碰撞。

（3）时刻准备在紧急情况下手动控制无人机或单击屏幕上的"STOP"按钮。

当无人机以倒退飞行的方式进行智能跟随时,请留意无人机四周的障碍物。

在以下场景需谨慎使用智能跟随模式。

（1）被跟随物体在非水平地面上移动。

（2）被跟随物体在移动时发生大幅度的形变。

（3）被跟随物体被长时间遮挡或位于视线外。

（4）被跟随物体在积雪覆盖的区域。

（5）被跟随物体与周围环境颜色或图案非常相近。

八、自动返航模式

大多数无人机具备自动返航功能。若起飞前成功记录了返航点,则当遥控器与无人机之间失去通信讯号时,无人机将自动返回返航点并降落,为飞行安全提供了安全保障。例如,大疆 Phantom 4 Pro/ Pro+ 为用户提供了三种不同的返航方式,分别为失控返航、智能返航及智能低电量返航。

记录返航点是自动返航的前提,如果无人机没有成功记录返航点,将无法进行返航。在开启无人机后,当无人机的 GPS 信号良好时,无人机就会自动记录当前位置为返航点。在飞行前,建议检查返航点是否记录成功、位置是否正确。

(一)失控返航

基于前视的双目立体视觉系统可在飞行过程中实时对飞行环境进行地图构建,并记录飞行轨迹。当无人机遥控信号中断超过 3 秒时,飞控系统将接管无人机控制权,参考原飞行路径规划线路,控制无人机返航。如果在返航过程中,无线信号恢复正常,无人机将在当前位置悬停 10s 等待用户选择是否继续返航。继续返航后用户可以通过遥控器控制飞行速度和高度,且可以短按遥控器智能返航按键取消返航,如图 4.12 所示。

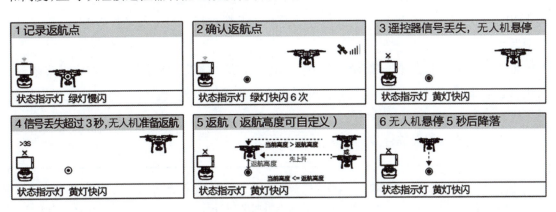

图 4.12 无人机返航过程图解

使用失控返航功能时应注意以下问题。

(1)当 GPS 信号不好(三格以下,GPS 图标为灰色)或者 GPS 不工作时,无法实现返航。

(2)返航过程中,当无人机上升至 20 米但没达到预设返航高度前,若用户推动油门杆,无人机将会停止上升并从当前高度返航。若在无人机水平距离返航点 20 米内触发返航,由于无人机已经处于视距范围内,所以将从当前位置自动下降并降落,而不会爬升至返航高度。

(3)自动返航过程中,若光照条件不符合前视视觉系统的需求,则无人机无法躲避障碍物，但用户可使用遥控器控制无人机的速度和高度。所以在起飞前务必先进入 DJI GO 4 App 的相机界面，选择并设置适当的返航高度。

（二）智能返航

智能返航模式可通过遥控器智能返航按键或 DJI GO 4 App 中的相机界面启动，其返航过程与失控返航一致，区别在于用户可通过摇杆控制无人机的速度和高度躲避障碍物。启动后无人机状态指示灯仍按照当前飞行模式闪烁。智能返航过程中，无人机可在最远 300 米处观测到障碍物，提前规划绕飞路径，智能地选择悬停或绕过障碍物。如果障碍物感知系统失效，用户仍能控制无人机的速度和高度，通过遥控器上的智能返航按键或 DJI GO 4 App 退出智能返航后，用户可重新获得控制权。

（三）智能低电量返航

智能飞行电池电量过低，没有足够的电量返航时，用户应尽快降落无人机，否则无人机将直接坠落，导致无人机损坏或引发其他危险。为防止因电池电量不足而出现不必要的危险，Phantom 4 Pro / Pro+ 主控将会根据飞行的位置信息，智能地判断当前电量是否充足。若当前电量仅够完成返航过程，DJI GO 4 App 将提示用户是否需要执行返航。若用户在 10 秒内不作选择，则 10 秒后无人机将自动返航。返航过程中可短按遥控器智能返航按键取消返航。

智能低电量返航在同一次飞行过程中仅出现一次。如果当前电量仅足够实现降落，无人机将强制下降，不可取消。返航和下降过程中均可通过遥控（若遥控器信号正常）控制无人机。

图 4.13 为自动返航需注意的问题。

	自动返航过程中，若光照条件不符合前视视觉系统需求，则无人机无法躲避障碍物，但用户可使用遥控器控制无人机速度和高度。所以在起飞前务必进入 DJI GO 4 App 的相机界面，选择并设置适当的返航高度
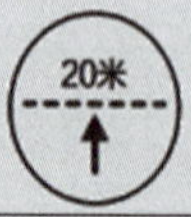	自动返航（包括智能返航，智能低电量返航和失控返航）过程中，在无人机上升至 20 米高度前，无人机不可控，但用户可以终止返航以停止上升过程
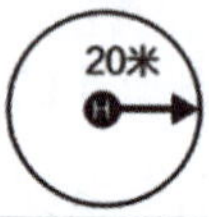	若在无人机水平距离返航点 20 米内触发返航，由于无人机已经处于视距范围内，所以无人机将会从当前位置自动下降并降落，而不会爬升至预设高度
	当 GPS 信号欠佳（GPS 图标为灰色）或者 GPS 不工作时，不可使用自动返航

图 4.13　自动返航注意事项

九、指点飞行模式

用户可通过单击 DJI GO 4 App 中的相机界面的实景图,指定无人机向所选目标区域前进或倒退飞行。若光照条件良好,无人机在指点飞行的过程中可以躲避前方和后方障碍物或悬停以进一步提升飞行安全性。

(一)启动指点飞行

(1)确保无人机处于 P 模式,启动无人机,使无人机起飞至离地面 2 米以上,如图 4.14 所示。

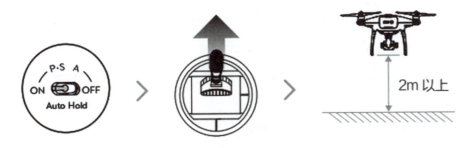

图 4.14　启动指点飞行模式第一步

(2)进入 DJI GO 4 App 的相机界面,单击并选择指点飞行,同时阅读注意事项,如图 4.15 所示。

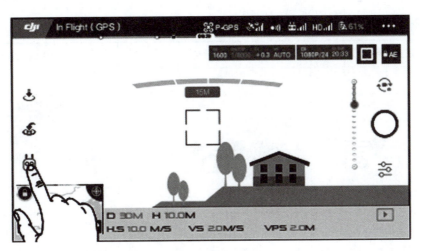

图 4.15　启动指点飞行模式第二步

(3)轻触屏幕选定目标区域直到出现 GO 图标,再次单击后,无人机则自行飞往目标方向,如图 4.16 所示。

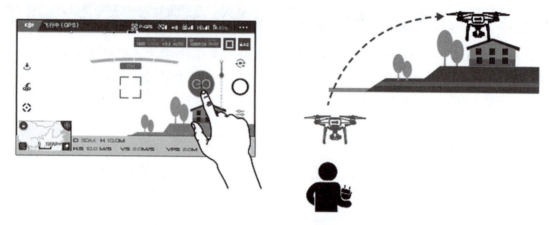

图 4.16　启动指点飞行模式第三步

指点飞行注意事项如下。

① 请勿指示无人机飞向人、动物、细小物体（如树枝或电线等）、透明物体（如玻璃或水面等）。

② 选定的指点飞行的方向与无人机实际飞行的方向可能存在误差。

③ 在屏幕上可以选择的指点飞行的范围是有限的，在靠近操作界面的上部或下部等边缘区域单击时可能无法进行指点飞行。此时 DJI GO 4 App 将提示无法执行指点飞行命令。

（二）指点飞行的功能

指点飞行包括如图 4.17 所示的功能。

正向指点	反向指点	自由朝向指点
		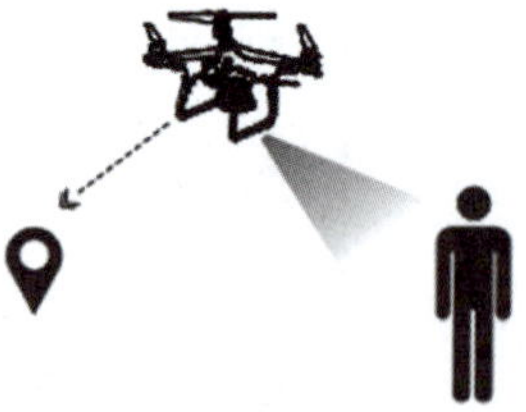
指定无人机向所选目标方向前进飞行。前视视觉系统正常工作	指定无人机向所选目标方向倒退飞行。后视视觉系统正常工作	指定无人机向所选目标方向前进飞行。此时偏航杆可以自由控制无人机航向。此模式下无视觉避障功能，请确保在空旷无遮挡环境下使用

图 4.17　指点飞行包含的功能

第四节　第一人称视角飞行

　　FPV 是英文 First Person View 的缩写，即"第一人称主视角"，是一种基于遥控航空模型或者车辆模型加装无线摄像头的回传设备，在地面通过屏幕操控无人机的一种方式。在使用无人机的第一人称视角时，视野随着无人机的飞行而改变。第一人称主视角对于航空摄影和摄像是极其必要的。没有好的第一人称主视角，摄影师只能盲目拍摄，而仔细构图更是不可能的。

　　第一人称主视角的视频信号通常通过现场监视器或第一人称主视角眼镜观看，如图 4.18 所示。第一人称主视角眼镜是专为遥控爱好者设计的。眼镜通常给人更加身临其境的体验，但同时也要时刻注意周边的情况。

　　在消费级无人机诞生的早期，第一人称主视角通过联合使用相机的视频输出、专用模拟视频发送器和接收器实现，如图 4.19 所示。一套典型的模拟第一人称主视角系统包括：载机、天线、视频发射机、视频接收机、图像显示存储器、遥控增程、摄像机等。

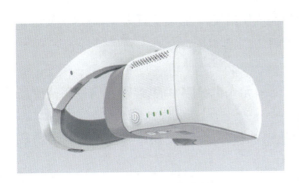

图 4.18　DJI 飞行眼镜

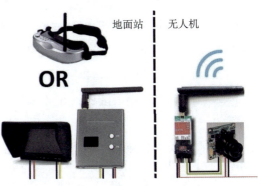

图 4.19　FPV 设备的组成

　　使用 FPV 飞行的方式，不仅可以航拍监测到清晰的画面，还能够将回传回来的画面进行合理构图。若配备 FPV 眼镜还能够体验身临其境的感觉或得到沉浸式的观感。缺点在于长时间盯住屏幕或戴着 VR 眼镜，无法观察到无人机附近的障碍物，例如电线、树枝等，容易造成"炸机"事故。

第五节　航拍无人机的维护与保养

　　无人机作为一种新的高科技产品，经常在空中执行飞行任务，如果处理不当，轻者损失飞行设备，重则造成人员伤亡。因此除了要按照正确的方式操作和使用之外，日常的维护保养和检查也是至关重要的，要确保无人机一直处于最佳状态。

一、无人机机身

目前大多数无人机采用碳纤维材料作为机身,在保护无人机内部电路不被外界环境腐蚀的同时,还设有散热孔,而正是这些小的孔隙会让机身受到腐蚀或难以清理。雨、水、沙尘等都会通过此孔隙进入机身内部,如果不及时清理保养,日积月累会对无人机产生严重的影响。

(1) 检查无人机机身螺丝是否出现松动,无人机机臂是否出现裂痕破损,如有裂痕,应尽量更换或寄回厂家进行检测维修。

(2) 检查减震球是否老化(减震球外层变硬或开裂),如果减震球老化应及时更换,避免影响航拍效果。

(3) 检查GPS上方及每个起落架的天线位置是否贴有影响信号的物体(如带导电介质的贴纸等)。

(4) 检查可变形系统机架结构,变形组件在变形过程中是否正常顺滑。污染异物需要及时清理,组件若有损请及时返修。

(5) 尽力避免在沙土或碎石等有小颗粒存在的环境下起飞。如果必须飞行,在飞行之后应尽快清理孔隙周围,以减轻对机身以及内部的腐蚀。

(6) 十分不建议在雨雪天气或雾气较大的天气使用无人机,若无法避免,应尽快使用完毕,然后断电擦干,风干一阵或者放到防潮箱吸潮,确定湿气除净后再次使用。

(7) 维护保养所需工具如下。

① 一个柔软的小清洁刷:用于清除可能陷入无人机缝隙中的沙尘,也可以用清管器代替。

② 气瓶或者气球:可以清除无人机"敏感部位"的尘垢,如电机或电路板旁边的尘垢。

③ 异丙醇:可以让无人机外壳光洁如新。这种清洁剂可以去除污垢、草渍、血液等99%的各种顽渍,还不会损坏电路。

④ 柔软布料:若把无人机拆开进行大扫除,这块布必不可少,它可以和异丙醇协同工作,完美配合。

二、无人机电机

(1) 擦拭电机。及时清除电机机座外部的灰尘、油泥。如使用环境灰尘较多,最好每次飞行之后清扫一次。

(2) 检查和擦拭电机接线部位。检查接线盒接线螺丝是否松动、烧伤。

(3) 检查各固定部分螺丝,将松动的螺母拧紧。

(4) 检查电机转动是否合格。用手转动转轴检查是否灵活,有无不正常的摩擦、卡阻、窜轴和异常响声,同时检查电机上各部件是否完备。

（5）如通电之后，某个电机不转或者转速很低，或有异常响声，应立即断电，若通电时间较长，极有可能烧毁电机，甚至损坏控制电路。

三、无人机螺旋桨

螺旋桨是无人机快速消耗设备之一，在日常飞行过程中，炸机可以尽力避免，但是避免了炸机也可能会炸桨。每次飞行之后都应该检查桨叶外观是否有弯折、破损、裂缝等，只要有一点问题的螺旋桨都必须弃用更换。

四、无人机遥控器

（1）不要在潮湿、高温的环境下使用或放置遥控器，因为潮湿高温的环境很容易使遥控器内部元件损坏，或加速遥控器内部元件的老化，同时也会造成外壳变形。

（2）避免让遥控器受到强烈的震动或从高处跌落，以免影响内部构件的精度。

（3）注意检查遥控器天线是否有损伤，遥控器的挂带是否牢固及与航拍器连接是否正常，如果遇到不能解决的情况请及时联系售后进行处理。

（4）在使用或者存放过程中，尽力不要"弹杆"。

（5）检查遥控器的各个接口处是否有异物或者接触不良的情况。

（6）注意遥控器的电量。

五、无人机云台和相机

为了保证正常使用与良好的拍摄效果，云台相机也是应注意养护的配件。

（1）使用一段时间后，建议检查排线是否正常连接。

（2）金属接触点是否氧化或者无损（可用橡皮擦清洁）、云台快拆部分是否松动、风扇噪声是否正常。

（3）注意不要用手直接触摸相机镜片，如果相机镜片被污损，可用镜头清洁剂清洗。

（4）系统通电之后，检查云台电机运转是否正常。

六、无人机电池的保养

无人机所有装备中，消耗最大的非电池莫属了。对于电池，应尽量遵循六不原则：不过充、不过放、不满电保存、不损坏外皮、不短路、不着凉，这样可延长其使用寿命。

（1）首先检查电池是否可以使用，观察电池外观是否有鼓包。有鼓包的电池不建议继续使用。有些无人机专用电池装在保护壳内，可观察电池安装后是否松动。如果安装不畅，很有可能是电池膨胀将保护壳挤变形了。

(2）如果经常外出航拍，还应注意温度对电池的影响。在低温地区使用时，电池应做好"保暖"和"热身"工作，以减少电量突然降低的情况。极端温度环境对电池的损害非常大，冬天过冷和夏天过热的情况都会导致无人机的续航时间降低。不要在热源附近使用或存放电池，如阳光直射或夏天的车内、火源或烤火炉。电池理想的保存温度为22～28℃，切勿将电池存放在低于-10℃或高于45℃的场所。

(3）长时间不用时应把电池放在阴凉且干燥的地方保存。每隔大约3个月或经过约30次充放电后，电池需进行一次完整的充电和放电过程再保存，以保证电池的最佳工作状态。定期检查智能飞行电池的寿命，当电池指示灯发出低寿命报警时，请更换新电池。

第六节　航拍飞行应急情况处理

无人机时常会因为电子设备、机械设备或环境因素引起故障，尤其是在留空时的紧急情况，如果处理不当，轻者损失飞行设备，重者造成人员伤亡。最好的方式就是在平常的维护中或起飞前的准备中排除一切隐患。如果这些都做好了依然有突发状况，就只有沉着冷静采取正确的处理方式尽量减少损失。首先，在处理过程中需遵从"以人为本"的重要原则，要保证不伤到人，哪怕飞机沉入大海；第二，要尽量不妨碍公共安全，例如迫降地尽量远离公路、广场等人类密集活动范围；第三，要选择草地、沙地等具有缓冲作用的场地迫降，减少飞行平台的损失，保护储存卡；最后，紧急判断问题所在，采取正确高效的挽救措施。一般紧急情况可以分成三种，一是飞行平台可控；二是飞行平台半控；三是完全失控。

一、飞行平台可控

飞行平台可控的情况是指无人机遇到一些突发状况，导致飞行任务必须尽快结束，但是无人机还在飞手可以控制的情况下。一般发生这种情况有以下几种原因。

（1）天气突变，比如突然下雨了，突然有阵风袭击，飞机不适合继续飞行；
（2）电池电量不够或者鼓包性能下降；
（3）拍摄设备出现电池没电，储存卡已满的情况；
（4）无线图传受到干扰或者天线掉落导致无法发送视频信息；
（5）云台失控不能保持稳定。

这些情况相对危险性不是很高，无人机能够正常飞行，至少有迫降时间，只需要沉着冷静，选好无人机最近、最安全的迫降地，并让副手疏散附近无关人员，在稳定情况下尽快安全降落即可。

二、飞行平台半可控

飞行平台半可控情况是指无人机遇到突发状况,导致无人机不具备完整的可控飞行功能,但是还能够被飞手采取非常规手段半操控的情况。引发这种情况的起因比较复杂,从直观问题出发,有以下几种可能。

(1) 其中某个电机停转,导致飞机自旋。这种情况是因为电机电源线或者信号线脱落又或者是电调烧掉造成的。类似这种飞行不平稳但飞控正常的情况,需要细致精准分辨机头的方向,每次在正确的位置调节方向舵引导无人机降落到合适的位置,缓慢松油门,在落地的瞬间打正确的舵向保持飞机水平落地。

(2) 无人机在空中乱转甚至飞走。这种情况有可能是半失控也可能全失控,只能用排除法解救。首先切换飞行模式,如果是 GPS 模式便切换成姿态模式,如果还不行便切换成手动模式,直到飞行姿态正常并能够控制方向。如果解救成功表明问题可能出在 GPS 和 IMU 模块松动或者各种传感器失效,再或者是飞行过于激烈导致飞控失灵。迫降后检查GPS、IMU 是否松动,若没有,接上计算机查看各种功能是否正常,并自检和重新校正磁罗盘,如果问题依然无法解决,需将飞控送厂检修。

(3) 间歇性失控,这种情况就是干扰造成的,应在可控时间里尽量远离干扰源。

三、飞行平台完全失控

飞行平台完全失控是最坏的情况,如果切换模式还是无法解决,只能疏散人群让无人机自行坠落。如果确认无人机失去控制向远处飞走,可以尝试自动返航功能,在自动返航功能失效,无人机丢失的情况下,可以根据无人机的大致方位查找坠毁的无人机。

此外,如果发生特殊情况,例如无人机冲向人群需要紧急停止电机以最大程度减少伤害,空中停止电机将会导致无人机坠毁。如 DJI 精灵 4Phantom 4 Pro / Pro 向内拨动左摇杆同时按下返航按键,如图 4.20 所示,电机就会停止转动。

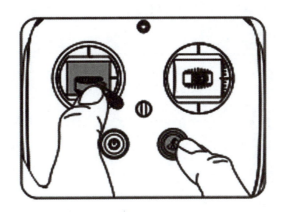

图 4.20　精灵 4Phantom 4 Pro 空中停机操作示意图

第五章

航拍手法与构图

第五章 航拍手法与构图

第一节 摄影基本原则

一、航拍时机的选择

航拍选择最恰当的时机也就是时间至关重要。在航拍摄影中,影响航拍作品质量的因素有很多,比如地点、季节、时间、气候、光线等,都会直接影响画面中拍摄对象的影调和气氛,从而直接改变人们对作品的感觉。一年四季景色不同,一天之中的早、中、晚景色也不同,这些美景在摄像头中的色温也不一样,因此要根据不同的拍摄任务和拍摄类型,选择不同的拍摄时间。例如城市风光摄影时,要注意时间、光线强度、入射角的选择。以一天的光线变化为例,不同的时间光线的角度与强度都不一样。太阳初升和太阳欲落时,光线与地平线呈0°~15°,太阳初升时光线较柔和,建筑物受光面与背光面光比大,而此时光线色温比较低,变化比较大,色温值通常在2800~3400K。正常照明时刻,光线与地平线呈15°~60°,这个时段太阳光照明亮适度,并且地面上的反光和天空中的散射光交织在一起,构成了明亮柔和的补助光,这时城市建筑物明暗反差鲜明,影调层次丰富而柔和,建筑物的立体感和质感都能够体现出来。当到了顶光照明时刻(正午时刻),光线与地平线呈60°~90°,太阳几乎与地面的景物垂直,光照比较强烈,顶光照明常常会造成亮的地方过亮,暗的地方过暗,反差过大,所以不是很好的表现用光,如图5.1所示。

图5.1 城市风光航拍摄影(摄影:宋罡)

二、航拍飞行前的准备

拍摄之前,一定要根据拍摄的任务类型制订严密的拍摄计划。要对拍摄的景物进行综合性观察、分析和准备,找出具有代表性的、有品质的景物来突出主体。根据拍摄的连续性确定拍摄路线、方位高度等,形成一套连贯的方案,有全局意识。空中拍摄时选好切入点,从什么地方起飞,飞到什么位置,经过哪些地方,拍摄哪些地方,采用什么样的构图方式,都要计划好。

(一)航拍无人机选择

根据拍摄任务的不同选择适合的无人机。一般记录拍摄任务如婚礼、庆典等小型活动可以采用小型消费级别航拍无人机。拍摄大型活动、影视剧及纪录片时,可以采用专业级别的航拍无人机平台,以满足专业影视图像的需要,如大疆 S1000+、M600 pro 等。

(二)外拍设备的管理

1. 安全箱

航拍时需要使用专业的安全箱来保护无人机及相关设备。安全箱主要有两大作用,一是方便转场运输,二是在运输过程中可避免设备遭到损坏,如图 5.2 所示。

2. 存储卡卡包

可使用存储卡卡包统一管理存储卡,并对已写入以及未写入素材的存储卡分开放置,如图 5.3 所示。

图 5.2 外拍无人机安全箱

图 5.3 储存卡卡包

3. 对讲设备

对讲设备是外出拍摄的必需品。在航拍过程中,航拍团队成员之间,航拍团队与导演、摄像师之间的沟通，通常是通过对讲设备进行的。航拍现场环境嘈杂，或拍摄条件受限时，航拍团队不能与导演或摄影指导在一起，因此需使用对讲设备。例如拍摄追车的场景，导演和摄影指导通常在固定位置监看画面，航拍团队需要在一台行驶的车辆上控制无人机，两者相距较远，此时需要使用对讲设备进行实时沟通，如图 5.4 所示。

4．GPS

在人烟稀少、无参照物的区域航拍时，需使用 GPS。手持 GPS 可以准确记录航拍位置信息，快速定位航拍团队所在区域，还可以提供航拍所在地海拔高度、日出日落时间等相关信息，如图 5.5 所示。

图 5.4　对讲设备　　　　　　　　　图 5.5　手持 GPS

（三）航拍器材的准备

（1）根据对画面的要求选用合适的相机和镜头。

（2）根据镜头口径准备好常用的 ND 镜。

（3）给相机电池充电并准备好备用电池、存储卡等。

（4）确定视频拍摄制式（一般选用 PAL 制式）、ISO 感光度、光圈值等。

（5）所有系统软件升级到最新版本。

（6）进行图传和各项操作功能测试。

（四）无人机飞行检查表

航拍飞行活动可以参照表 5.1 进行航拍前的准备。

表 5.1 无人机飞行检查表

环境勘察及准备		
1	天气良好,无雨、雪、大风	☐
2	起飞点避开人流	☐
3	起飞点上方开阔无遮挡	☐
4	起飞点地面平整	☐
5	操作设备（手机/平板）电量充足	☐
开箱检查		
1	无人机电量充足	☐
2	遥控器电量充足	☐
3	无人机无损坏	☐
4	所有部件齐全	☐
5	螺旋桨安装牢固	☐
6	相机卡扣已取下	☐
开机检查		
1	打开遥控器并与手机、平板电脑连接	☐
2	确保无人机水平放置后打开无人机电源	☐
3	自检正常（模块自检、IMU、电调状态、指南针、云台状态）	☐
4	无线信道质量为绿色	☐
5	CPS 信号为绿色	☐
6	SD 卡剩余容量充足	☐
7	手动刷新返航点	☐
8	根据环境设置返航高度	☐
9	操作设备（手机/平板电脑）调到飞行模式	☐
10	确认遥控器的姿态选择及模式选择	☐
试飞检查		
1	起飞至安全高度（35m）	☐
2	观察无人机悬停是否异常	☐
3	测试遥控器各项操作正常	☐
检查人：	日期：	

三、规划分镜脚本

航拍不是盲目随拍,不能等无人机飞到空中再思考怎么拍,而要事先做好计划。在拍摄工作开始之前,通过实地观察,应该有拍摄想法,如打算拍什么,要表达什么意图,要达到什么效果,整部视频的风格如何,需要哪些素材,素材之间如何衔接搭配等。

把在观察、思考过程中产生的灵感记录下来,用文字、手绘图或照片的形式在纸上写出来,通常设计成表格形式,即常说的拍摄脚本。一般航拍脚本包括地点、景别、内容、镜头说明、草图、镜头时长等基本内容,对飞行线路、镜头等手法要在镜头说明里进行描述。

最后的备注则更为重要,像有些镜头对时间有要求,有些镜头对场地有要求,甚至一些镜头因拍摄难度较大,航线较远,有续航时间不够的隐患,都要在备注中提前说明。

表 5.2 为某中学宣传片分镜头拍摄脚本。

表 5.2　某中学宣传片分镜头拍摄脚本

序号	时长	景别	技巧	画面内容	解 说 词	声 音	备 注
1	20s			校训"崇仁厚德 好学力行"书法字依次出现;推出片名:百年大计 立德树人——秦安县第二中学		中国古典音乐	
2	40s	特效+全景	黑场淡入	地球在太空中旋转,出现中国地形图,从太空俯冲视角,卫星定位天水·秦安(E105.69,N34.89)。秦安县城、凤山、葫芦河(航拍全景)	这里是中华人文始祖伏羲、女娲的诞生地。这里是一片文明的沃土,是一片放射着人文光辉的星空。这里有跋涉者开拓命运前途的足迹,有奋斗者勤谨不已孜孜不倦的汗水。巍巍凤山,奠定了这一方人厚重质朴的品格,悠悠葫芦河,孕育了这一方人灵动开拓的精神	特效模拟声+壮美、气势开阔弦乐合奏	
3	30s	全景	硬切	早晨太阳→远拍凤山雄伟概貌→葫芦河美景→镜头推向校门,聚焦于"秦安县第二中学"几个字→出旗的学生很有气势地正步走→升旗的学生甩旗的动作→全体师生抬头注视国旗→摄影上抬至学校的国旗,先近景后拉开远景	秦安县第二中学就坐落在这片神奇的土地上,这座历经六十年积淀与酝酿,年轻的全日制高级中学正在迅速成长。六十年的光荣与梦想,六十年的奋斗与追求。这是一艘启锚扬帆的航船,满载莘莘学子,驶向知识的海洋	庄严深情大气深沉气势开阔	

在《航拍中国》纪录片中,大疆传媒摄制组根据导演组拟定的若干个拍摄点,预先踩点,针对每一个拍摄点设计镜头和绘制故事板,如图5.6所示。

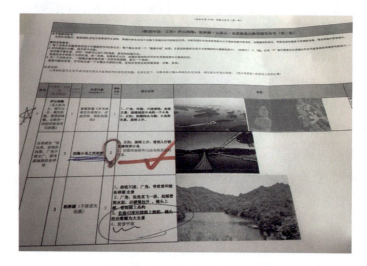

图5.6 《航拍中国》故事板

在拍摄《航拍中国》新疆篇时,横店锐智九州航拍团队经过详细的前期调研,制订了详细的拍摄计划和镜头设计方案,并绘制了分镜故事板。

最终在牧民必经的牧道上挑选了几个最具代表性的环境作为拍摄点,集中呈现牧民转场所要经历的过程,如图5.7~图5.9所示。

图5.7 脚本1

图5.8 脚本2

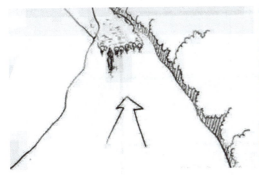

图 5.9　脚本 3

第二节　航拍构图

构图是一个造型艺术术语,即绘画时根据题材和主题思想的要求,把要表现的形象适当地组织起来,构成一个协调又完整的画面。对于摄影来说,构图是表现作品内容的重要因素。从本质来看,航拍构图与地面构图并没有实质性的区别,只不过在操作方式上有所差别。摄影是一种交流和表达,而构图则是它的表达方式。简单来讲,构图就是将人、景、物安排在画面中以获得最佳布局的方法。构图主要有三个作用:主动引导观者、表明主次关系和表达拍摄情绪。

使用无人机航拍的主要构图方式有九宫格构图、三分法构图、向心式构图、S 形构图、对称式构图、消失点构图、V 形构图、棋盘式构图、平行线构图和引导线构图。

一、九宫格构图

九宫格构图法有时也称三分法构图。在摄影构图时,画面的横向和纵向平均分成三份,线条交叉处叫作趣味中心。黄金分割法是美学经典构图方式,也经常被应用到摄影中。"井"字的四个交叉点就是主体的最佳位置,如图 5.10 所示。一般认为,右上方的交叉点最为理想,其次为右下方的交叉点,但也不是一成不变的。这种构图形式较符合大多数人的视觉习惯,可以使主体自然成为视觉中心,具有突出主体、均衡画面的效果,对航拍中大多数素材都适用。

平时看一张照片时,通常会优先被吸引到趣味中心的位置,所以在拍照时,尽可能将主体事物安排在趣味中心附近。

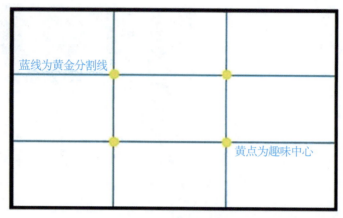

图 5.10 九宫格构图（摄影：宋罡）

二、三分法构图

三分法构图是最常用的技巧,可将画面分割为三等份,如拍摄风景时选择 1/3 画面放置天空或者 1/3 画面放置地面都是风景摄影师常用的构图方法。1∶2 的画面比例可以有重点地突出需要强化的部分。如天空比较漂亮可以保留大部分天空元素,整体画面也会显得更为融洽。航拍较适合自然景观层次分明的素材拍摄,如图 5.11 所示。

两分法构图就是将画面划分为相等的两部分,这在风景的拍摄中经常使用,如图 5.12 所示。将画面分成相等的两部分容易营造出宽广的气势。在风景照中,一半天空一半地面,两部分的内容显得沉稳和谐。这样的照片四平八稳,效果较好,但在画面冲击力方面略有欠缺。

第五章 航拍手法与构图

图 5.11 三分法构图（摄影：宋罡）

图 5.12 两分法构图（摄影：宋罡）

三、向心式构图

向心式构图如图 5.13 所示，主体处于中心位置，四周景物朝中心聚集。这样的构图能将视线引向主体中心，起到聚焦的作用。向心式构图有突出主体的鲜明特点，此类构图法较适合城市建筑航拍。

图 5.13　向心式构图（摄影：宋罡）

四、S 形构图

采用 S 形构图的曲韵风景可以给观者以无限的想象空间。曲线与直线的区别在于曲线可使画面更柔和、圆润。不同景深之间通过 S 形的贯通，可以营造出无限的空间感。S 形构图是指物体以 S 的形状从前景向中景和后景延伸，画面构成纵深方向的空间关系视觉感。这种构图画面比较生动，富有空间感。航拍画面的景物呈 S 形曲线的构图形式，具有延长、变化的特点，使人看上去有韵律感，产生优美、雅致、协调的感觉。当需要采用曲线形式表现被航拍物体时，应首先想到使用 S 形构图。S 形构图适用于河流、溪水、曲径、小路、轨道等具有明显曲线特征的景物，如图 5.14 所示。

五、对称式构图

对称式构图是将画面的左、右或上、下按 1∶1 的比例分为两部分，对称式构图有着平衡的美感，如图 5.15 所示。将画面左、右或上、下对等分割成两部分各居一半，形成左、右呼应或上、下呼应，表现画面较为宽阔，其中画面的一半是主体，另一半是衬托。对称式构图具有平衡、稳定的特点，符合人们的审美取向。此外，物体的重复出现也起到了强调的作用，能给观者留下深刻的印象。在拍摄有倒影的河流、湖畔、对称式的物体、重复出现的物体时，这种构图方式经常使用。对称式构图适用于运动、风景及建筑等的航拍。

图 5.14　S 形构图（摄影：宋罡）

图 5.15　对称式构图（摄影：宋罡）

六、消失点构图

消失点构图意境悠长。根据"近大远小"的透视原理,可以在远方看到平行线汇聚于一点,这个点被称为消失点。多选择这类的画面构图,消失点构图不但可以让画面更具冲击力,而且平行线会引导观者将视线移至消失点,使画面的空间感更强。若是拍摄创意人像,还可以将人物放置在消失点让观者最终的焦点集中在人物身上。消失点构图可以获得视觉效果不错的风景航拍。这种技法在航拍摄影中极具优势,无人机可自由飞翔,因此给我们的创作提供了无限的空间,如图5.16所示。

图 5.16　消失点构图(摄影:宋罡)

七、V形构图

V形构图的用意与S形构图相同,可以有效地增加画面的空间感,同时让画面得到更为有趣的分割。不同的是,如果曲线换成直线,画面就会变得棱角分明。直线条更容易分割画面,让画面各个元素之间的关系变得更加微妙。V形构图是富有变化的一种构图方法,正V形构图一般用在前景中,作为前景的框式结构来突出主体,主要变化是在方向的安排上或倒放或横放,但不管怎么放,其交合点必须是向心的。V形构图单用双用皆可,单用时画面容易产生不稳定的因素,双用时不但具有向心力,而且很容易产生稳定感,如图5.17所示。

图 5.17　V 形构图（摄影：宋罡）

八、棋盘式构图

　　棋盘式构图用凌乱的韵律将重复元素随机排布在画面当中，因重复元素具有统一性，所以棋盘式构图可以获得一种特殊的协调性，画面具有不一般的韵律，如图 5.18 所示。棋盘式构图是指运用重复的手段将同类的景致罗列在画面中，这种韵律感和节奏感强烈的构图形式可以让照片产生优美的统一感。而在这种高度统一的构图形式中，运用对比或其他手段加入一个重点素材不但可以突出主体，还能营造出不一样的有趣氛围。图 5.18 采取了仰视角度拍摄花卉，同时使用了棋盘式的构图方法，为画面营造出一种韵律感。因为随机性的缘故，很容易引起观者的好奇心。

九、平行线构图

　　平行线构图带给人们有条不紊的感觉。自然界或者人为设置都可以拍到平行线的画面，尤其是自然界的重复元素，可以更好地烘托主题，这类画面的特点在于规整与元素重复，如图 5.19 所示。水平线条多用在横幅构图上，它会让画面呈现出平稳、宁静、辽阔与舒展的氛围，带给观者放松的情绪，是风景摄影中最常出现的线条之一。如果配合常见的三分构图法将水平线放在不同的位置上，则会具有分割画面及突显影像中想要表达的主体效果。在拍摄上，可以运用靠近被拍摄主体与广角镜的透视变形营造出高耸、庄严、伟大与上升的视觉感受。另一方面,少量或单一的垂直线条,搭配低水平线或大量留白,又会令人感受到孤独、忧郁等情绪,由此可见,线条与构图之间奇特的微妙关系。

图 5.18 棋盘式构图(摄影:宋罡)

图 5.19 平行线构图(摄影:宋罡)

十、引导线构图

引导线构图是最常用的一种摄影构图手法,利用天然的线条吸引读者的目光,使之聚焦到画面的主题,如图 5.20 所示。引导线不一定是具体的线,凡是有方向感、连续的东西都可称为引导线。优秀的作品能把读者的目光聚集起来,引向被拍摄的主题,引导线是实现这一目标的很好途径。引导线主要的作用有引导视线向焦点运动,突出主体,烘托主题,使画面看起来更有空间感和纵深感。引导线构图可增强画面代入感,增加前景、背景及主体的连接关系。

图 5.20　引导线构图(摄影:宋罡)

第三节　常用航拍手法及技巧

一、直线平飞镜头

直线平飞是最简单、常用的航拍方法,拍摄诸如海岸线、公路、城市、街景是不错的选择。通常无人机在一定高度固定好镜头的角度,然后保持直线飞行即可,如图 5.21 所示。根据镜头角度可分为平视直飞和俯视(0°~90°)直飞,飞手所要做的就是控制好飞行高度和前进路线,并可留有一定前景,这样飞行过程中镜头会不断呈现出画面和细节的变化。有时为了体现拍摄规模、数量也可应用此法。如果前景是一个狭窄空间,直飞穿越后会呈现出开阔的画面,给人一种豁然开朗的感觉。推荐组合动作:直飞+升降,直飞+回转镜头。直线平飞镜头常用类型如表 5.3 所示。

图 5.21　直线平飞镜头

表 5.3　直线平飞镜头常用类型

名　称	飞行动作	云台动作
前进	向前平飞	镜头向前平视
前进俯拍	向前平飞	镜头向前下约 45°俯视
前进扣拍	向前平飞	镜头完全朝向机身下方
前进抬头	向前平飞	镜头朝下逐渐上摇至向前平视
前进拉升	向前平飞	镜头保持原有角度
前进拉升低头	向前飞同时拉升	镜头向前平视逐渐下摇至朝下

二、后退倒飞镜头

后退倒飞其实就是直线平飞的倒飞手法，如图 5.22 所示。后退倒飞可根据镜头角度分为平视倒飞和俯视（0°～90°）倒飞。因为是倒飞的原因，前景不断地出现在观众面前，如果有多层次镜头，航拍镜头倒飞堪称绝佳选择。倒飞就像人在倒着走，后面是盲区，所以一定要注意后面的障碍物。后退倒飞时，动作也可以组合多变，比如一边倒飞一边拉升，可以逐渐体现大场景的宽度和高度。当面对整体环境而无具体目标的拍摄时，如城市街道、公众聚会活动、大自然环境等，后退的拍摄手法就显得颇有趣味性，会让观众有期待感。

倒飞的过程危险重重，但拍摄的画面效果却非常好。尤其针对具体目标，通过后退转换交代其所处的环境，同时能让前景不断出现在观众眼前；在多重前景下，航拍倒飞镜头堪称绝佳选择，若后退再能穿越前景飞行，拍出来的画面更

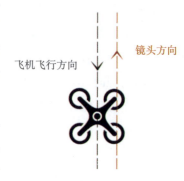

图 5.22　倒飞拍摄法

加精彩绝伦。后退倒飞镜头常用类型如表 5.4 所示。

表 5.4　后退倒飞镜头常用类型

名　　称	飞行动作	云台动作
后退	向后平飞	镜头向前平视
后退俯拍	向后平飞	镜头向前下约 45°俯视
后退扣拍	向后平飞	镜头完全朝向机身下方
后退拉升	向后平飞	镜头朝下逐渐上摇至向前平视

三、拉升、下降镜头的拍摄

拉升和下降也是常用的航拍镜头语言，视野可从低空到高空，或者从高空到低空，可以分为常规升降和俯视升降。常规升降镜头向前或向下，无人机垂直拉升或者下降一定高度，用得比较多的是拉升的镜头，如俯视拉升。俯视拉升的镜头完全垂直向下，这个视角从天空俯瞰地上的万物，别有一番感觉，这个动作又被称为"上帝视角"，如图 5.23 所示。

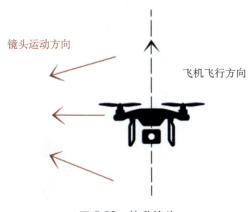

图 5.23　拉升镜头

拉升镜头是航拍最常见的方式，人们的视野从低处升至高空，体会着航拍独有的魅力，享受着全景感受的视觉冲击。对于较高的建筑、城市景观使用拉升镜头拍摄颇为适合。

拍摄过程中，可以根据创作需求进行高度、速度、角度等多方面的调整。拉升高度较大则可加速视频、快速展现；若要拍摄特定目标，则可拉升同时降低摄像头角度，甚至呈 90°俯视状态。

航拍镜头除了拉升以外，最常用的还有下降。无人机下降过程中拍摄的画面，除了能够有效补充航拍内容之外，还可使无人机的电池最大化利用，因为下降过程中耗费电量非常大。正是因为有了上升和下降镜头的结合，人们在观看时才会产生上下空间交替所带来的翱翔天际的感觉。

拉升和下降是在宣传片中最为常用的两种镜头,在表现自然风景、城市面貌、企业外观和建筑特色中常被使用,可以直观、迅速地传达出震撼的视觉效果。拉升、下降镜头常用类型如表 5.5 所示。

表 5.5 拉升、下降镜头常用类型

名　称	飞行动作	云　台　动　作
上升	垂直上升	镜头向前平视
上升俯拍	垂直上升	镜头水平逐渐下摇至向前 45°
上升扣拍	垂直上升	镜头水平逐渐下摇至向前 90°
下降	垂直下降	镜头向前平视
下降仰拍	垂直下降	镜头向前 45°、90° 逐渐上摇至平视

四、摇镜头的拍摄

航拍的摇镜头是无人机的位置不变,云台水平、俯仰运动拍摄的画面。同样是拍摄运动的画面,摇镜头与其他运动镜头的区别在于,无人机处在一个轴心上,位置不会发生变化,通过云台改变拍摄方向来展示空间信息。摇镜头分为横摇和纵摇,云台的水平运动就是横摇,镜头从左到右或从右到左,常用于表现全景或连接画面中的两个主体,如图 5.24 所示。

云台的俯仰运动是纵摇,通常用于展示主体在纵向空间上的变化,如图 5.25 所示。

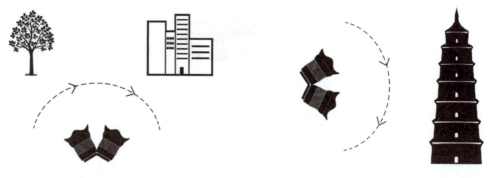

图 5.24　横摇拍摄法　　　　　　　　图 5.25　纵摇拍摄法

横摇镜头是最被熟知的拍法,是缓慢地转动镜头拍摄风景,可以展现丰富的空间信息,通常被当作交代镜头使用。

纵摇镜头可以传达出拍摄对象的高度,由上至下或由下至上地展现主体的全貌。

摇镜头主要的作用是展示空间,扩大视野,介绍、交代同一场景中两个物体的内在联系,它是画面无技巧转场最常用的手法之一,犹如人们转动头部环顾四周或将视线由一点移向另一点的视觉效果。在航拍中,悬停在空中固定机位进行的横摇镜头用得并不多,单人操作时须使无人机自身绕立轴自转。复杂气象条件下速度不容易均匀,解决摇镜头均匀有两个要诀：一是摇镜头必须有明确的目的性；二是摇摄的速度应与画面内的情绪相对应，且需要做到稳、准、匀。

纵向摇镜头（俯仰）应设定好俯仰拨盘的速度（宜慢不宜快）；横摇镜头应设定好左操纵杆左/右转的曲线感度(宜低不宜高)，这对于进阶操作的曲线航线飞行也非常有必要。摇镜头常用类型如表5.6所示。

表 5.6　摇镜头常用类型

名　　称	飞行动作	云台动作
横摇	原地转向	保持镜头角度
纵摇	悬停	调节云台俯仰

五、侧飞镜头的拍摄

侧飞就是侧向飞行、斜线飞行，从目标一侧飞向另一侧。一般无人机如果靠近目标画面遮挡会比较多，侧飞过目标画面渐渐移开前景出现背景，这是常见的拍摄手法。离目标较远，画面张力会稍弱，也常用于追踪物体的拍摄，例如，拍摄运动中的汽车是很多汽车广告航拍常用的手法；或者拍摄城市高楼林立的视觉变化，另外侧飞也可以俯视侧飞，或者带角度的俯视侧飞。侧飞镜头是无人机位于被摄主体的侧面运动所拍摄的画面，无人机运动方向与被摄主体的位置关系通常有平行和倾斜角两种，如图5.26所示。

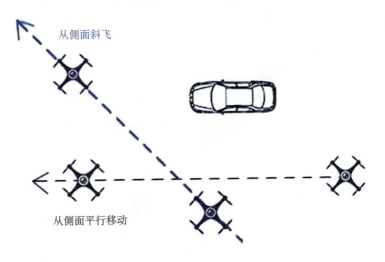

图 5.26　侧飞镜头拍摄法

（一）侧飞拍摄大环境

当场景中的元素比较多时，无人机平行于场景运动，镜头能够连续性地展示场景中的元素，拍摄的画面像一幅画轴一样延展开。通常用于交代环境信息，如图5.27所示。

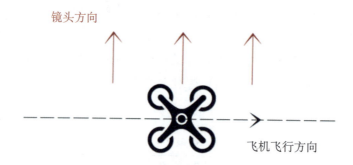

图 5.27 侧飞镜头拍摄法

（二）跟拍侧飞镜头的拍摄

在拍摄跟随主体的画面时，侧飞是经常用到的一种拍摄方式。无人机侧飞的速度与主体的速度保持一致，主体在画面中的位置相对静止，只展示主体的运动方向及状态，使观众的视线能有所停留。在汽车广告或公路电影中常会见到此类镜头。

（三）侧飞摇镜头

无人机侧飞时，保持直线或斜线方向从主体一侧飞向另一侧，同时，云台和镜头移动，并始终跟随拍摄主体，能够产生围绕主体 90°～180° 环绕的画面效果，如图 5.28 所示。相比用刷锅环绕的方式拍摄，侧飞摇镜头的拍摄操作更加容易和简单。

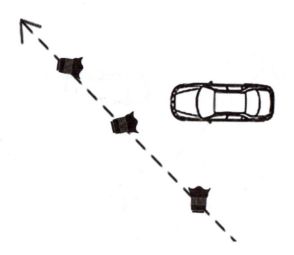

图 5.28 侧飞的同时摇镜头

（四）带前景侧飞镜头的拍摄

以带前景的画面为起幅无人机侧飞拍摄，一方面能够为主体的出场制造期待感；另一方面能够呈现主体与环境的关系。这类镜头通常用于拍摄主体出场。

六、环绕拍摄镜头

环绕半径根据景物大小而定。环绕拍摄可以全方位展示景物,360°匀速拍摄下,画面非常流畅,缺点是不能跟随物体移动,只能拍静景或者小范围的动景,如图5.29所示。为了无人机的安全,环绕拍摄要选择开阔的地点。

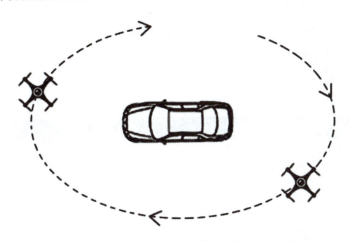

图5.29 环绕镜头的拍摄

航拍环绕镜头又称"刷锅",指拍摄的主体不变,无人机环绕主体做圆周运动,云台始终跟随主体,并通常将主体置于画面中央拍摄的镜头,如图5.30所示。环绕镜头的主要作用,一是突出主体的重要性,使主体空间得到充分的展示;二是增加场景的紧张情绪;三是增加画面的动感和能量。

环绕镜头的拍摄又可分为水平环绕、俯拍环绕、近距离环绕和远距离环绕四种。

水平环绕是航拍环绕镜头类型中最基本的一种。在环绕拍摄汽车时,分为静态和动态两种。一般来说,常规汽车类的影片剪辑中,环绕镜头的角度基本控制在90°以内,这足以展示汽车一半样貌,再长的镜头不但占片长而且毫无意义。一般在后期做加速实现180°环绕效果。环绕运动中不必太过在意环境够不够圆,要把重点放在构图上。

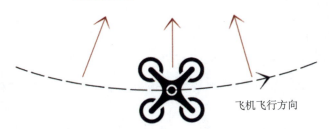

图5.30 环绕镜头拍摄

使用无人机环绕拍摄,想要获得中近景别镜头,为了保证拍摄安全,通常使用长焦拍摄(如"悟" Inspire 2 使用 45mm 镜头),或在地面手持无人机环绕拍摄。近距离环绕镜头,常用于打斗场景和表现人物关系及情绪的拍摄。在拍摄打斗戏时,环绕镜头具有的运动感,能够使演员动作看上去更快,场面看起来更紧张、激烈。

使用远距离环绕镜头,能够全方位地展示小景与大景的位置关系,更能够凸显主体在大景包围之下那种孤立无援的处境。

环绕运动的基本功能完全掌握后,就可以尝试加一些升降运动配合镜头俯仰了,无人机边环绕边上升,这样的镜头能将环境的层次感表现出来。这类运动镜头也算是拍出更精彩的复合运动镜头的基本功。

七、旋转式镜头的拍摄

为了让画面的呈现方式更为丰富,对人们的视觉更具冲击力,创作时也会用到旋转镜头。原地旋转是最为简单的镜头语言,恰似人们常说的环顾四周,主要用来介绍大范围的地理环境。

还能采用上升或下降的旋转方式,画面范围会随之变大、变小,更有层次感。如果在前进过程中加入旋转动作,逐渐让画面从一个角度变化到另一个角度,效果会更好,但对拍摄技能提出了更高的要求。

扣拍旋转是云台镜头正扣,机身或云台进行旋转拍摄的镜头,这类镜头通常还伴随着无人机的上升和下降。建议用机身旋转的方式拍摄,云台镜头有 ±320° 限位,机身旋转拍摄能保证在一次镜头中拍到更多的可用素材。

八、跟随式镜头的拍摄

跟随式镜头也称跟镜头,是指无人机始终跟随运动中的主体拍摄的画面。跟镜头强调"跟",画面中有明确的主体,且主体的位置相对稳定,大小不变,当无人机与主体的运动速度一致,主体在画面中的位置与景别都相对稳定,形成相对静止的状态,这种拍摄方式既能突出主体,又能交代主体运动的方向、状态及与环境的关系。跟镜头分为前跟、后跟(背跟)、侧跟三种情况。

跟镜头的特点如下。

(1)画面始终跟随一个运动的主体。

(2)被摄对象在画框中的位置相对稳定,主体的景别也相对稳定,有利于展示主体在运动中的动态、动姿和动势。

(3)通过跟镜头,可以表现主体的运动,也可以交代主体的环境。

第六章

航拍作品后期处理

航拍作品后期处理非常重要，其目的是还原情景、补救拍摄缺陷、提升素材质量和效果。虽然无人机中相机的传感器非常小，但镜头的色散还是会让色彩有所偏差，后期制作与加工就显得尤为重要。比如，夜景航拍作品后期处理主要包括色调、影调恢复以及质量提升。目前，市面上的剪辑软件很多，根据软件的用途可分为视频剪辑、图片处理、视频后期调色三类。视频剪辑类软件有 Adobe Premiere Pro、Final Cut Pro、AVID、EDIUS、Vegas、会声会影等；图片处理类软件有 Adobe Photoshop、Adobe Photoshop Lightroom、Corel PaintShop Pro；视频后期调色类软件有 Dancing Resolve（达芬奇调色软件）、Adobe After Effects（AE）等。

第一节 航拍素材处理软件介绍

一、视频剪辑类软件

（一）Adobe Premiere Pro

Adobe Premiere Pro 是视频编辑爱好者和专业人士必不可少的视频编辑工具。它可以提升用户的创作能力和创作自由度，它是易学、高效、精确的视频剪辑软件。Premiere 提供了采集、剪辑、调色、美化音频、字幕添加、输出、DVD 刻录一整套流程，并和其他 Adobe 软件高效集成，可以完成在编辑、制作、工作流上遇到的所有挑战，因此，它也是航拍摄影师最常用的一款影视后期处理软件，如图 6.1 所示。

Adobe Premiere Pro 广泛应用于广告和电视节目制作中，Adobe Premiere Pro 是一款编辑画面质量比较好的软件，有较好的兼容性，它的最大优势就是身为 Adobe 家族的一分子，可以与 Adobe 公司推出的其他软件相互协作，例如，可以与 AE、Audition Ps 等 Adobe 公司的软件无缝衔接。其最新版本为 Adobe Premiere Pro 2019。

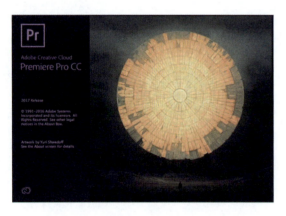

图 6.1 Adobe Premiere Pro 2017 版

（二）EDIUS

EDIUS 是一款专为广播和后期制作环境而设计的非线性编辑软件，特别适合新闻记者、无带化视频制播和存储。EDIUS 拥有完善的基于文件的工作流程，提供了实时、多轨道、多格式混编、合成、色键、字幕和时间线输出等功能。除了标准的 EDIUS 系列格式，还支持 Infinity JPEG 2000、DVCPRO、P2、VariCam、Ikegami GigaFlash、MXF 、XDCAM、SONY RAW、Canon RAW、RED R3D 和 XDCAM EX 视频素材。同时支持所有 DV、HDV 摄像机和录像机，如图 6.2 所示。

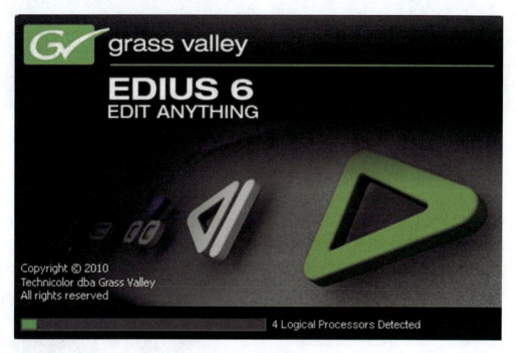

图 6.2　EDIUS 6

EDIUS 对硬件配置要求不高，而且实时性能好，支持 4K 视频，内置插件、特效、转场特技丰富，支持众多视频格式，支持多格式混编等功能。用户无须渲染就可以实时预览各种特效。

二、图片处理类软件

（一）Adobe Photoshop

Adobe Photoshop 简称 PS，是由 Adobe Systems 开发和发行的图像处理软件。Photoshop 主要处理以像素构成的数字图像。不同于 Lightroom 专为摄影师而定制，Photoshop 最初是为设计和图形应用方面的人员设计的，但这并不代表它不适用于照片后期制作，相反，它也是非常优秀的一款照片后期制作软件。

由于专为专业人士设计，所以 Photoshop 可以轻松以 16 位处理文件，同时具有完善的色彩管理功能，HDR、全景、蒙版等功能也一应俱全。而且 Photoshop 还有来自全球的使用者为其开发的各种插件，使其功能更为全面，如图 6.3 和图 6.4 所示。

图 6.3 Adobe Photoshop 2015 版

图 6.4 Photoshop 修图前后对比

（二）Adobe Photoshop Lightroom

Adobe Photoshop Lightroom 是 Adobe 公司研发的一款以后期制作为重点的图形工具软件，是当今数字拍摄工作流程中不可或缺的一部分，如图 6.5 所示。除了支持 TIFF 格式和 JPEG 格式，它也支持 RAW 格式的文件，而非 Photoshop 那样需要借助独立的模块。它还支持 16 位、色彩管理，如果必要，它也支持 32 位的 HDR 文件。其增强的校正工具、强大的组织功能以及灵活的打印选项可以帮助用户加快图片后期的处理速度，将更多的时间投入拍摄。Adobe Lightroom 专为摄影师定制，除了强大的后期功能之外，还是优秀的图片管理软件，它可以生成目录，将用户所有的照片囊括在内。

Adobe Photoshop Lightroom 还有其他的一些特色功能，比如全景合成、HDR 合成、污点修复、支持照片 GPS 信息读取、一键社交媒体分享，等等，而最为新手喜爱的莫过于它的预设功能，无论是自己创作，还是套用他人的预设，都是一项快速提高后期效率的功能。

图 6.5 Adobe Photoshop Lightroom 2015 版

三、视频后期调色类软件

在影视后期制作中，调色是其中重要的一项工作，它可以产生实拍达不到的艺术效果，最大限度地拓展作品的表现力。随着科技的发展，众多调色软件层出不穷，如 Dancing Resolve、AE、Combustion、Scratch 等。

（一）Dancing Resolve

Dancing Resolve 又称达芬奇调色系统，是 1984 年由澳大利亚 Blackmagicdesign 公司

出品的一款 3D 调色软件，凭借着强大的功能，达芬奇调色系统从诞生开始，就成为影视后期制作的标准。DaVinci Resolve 除了是一款高画质视频的剪辑软件外，还内建了强大的视频调色功能。许多电影因突出特殊风格需要展现的不同色调，而 DaVinci Resolve 正是号称好莱坞电影后期团队也喜欢使用的一款视频色彩后期软件，它的调色系统被广泛运用在电影、广告当中。如美国电影《阿凡达》《钢铁侠》《环太平洋》等都是达芬奇调色系统制作而成的，如图 6.6 所示。

图 6.6　Dancing Resolve 调色软件

（二）Adobe After Effects

Adobe After Effects 简称 AE，是 Adobe 公司推出的一款图形视频处理软件，适用于从事设计和视频特技的机构，包括电视台、动画制作公司、个人后期制作工作室以及多媒体工作室，属于层类型后期软件。其实，其他的剪辑软件中也有颜色校正等调色功能，但都没有 AE 使用方便。AE 是一个多功能软件，除了调色还可做一些动画、特效的处理，如图 6.7 所示。

（三）Color Director

Color Director 是一套创意视频后期制作调色软件，可以改善、增强视频色彩，通常配合威力导演剪辑软件一起使用，属于比较简单的调色软件。Color Director 通过一系列简单易用的工具，可以轻松校正色彩、调整色调，甚至可以针对视频中移动的物体进行局部色彩调整，如图 6.8 所示。

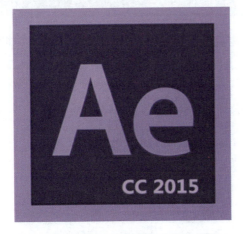

图 6.7　Adobe After Effect 调色软件

图 6.8　Color Director 调色软件

第二节　Photoshop 软件调色

一、调色工具位置

Photoshop 中的调色功能，可以通过选择"图像"菜单中的"调整"命令实现，如图 6.9 所示。

此外，也可以单击图层面板的  按钮调出常用的调色工具，如图 6.10 所示。

图 6.9　选择"色相/饱和度"命令　　　　图 6.10　单击调色工具按钮

二、色相/饱和度

顾名思义，色相/饱和度是一个用于调整图像色相及饱和度的工具，如图 6.11 所示。

（1）通过色相调整，可以用于改变图片的色彩。

（2）饱和度可以控制图像颜色的浓淡程度，可以让图片变得更加鲜艳或是变成灰色调。

（3）明度就是亮度，假如把明度调至最低会获得黑色，调至最高会获得白色。

在对话框右下角还有"着色"选项，它的作用是把画面改成同一种色彩的效果。

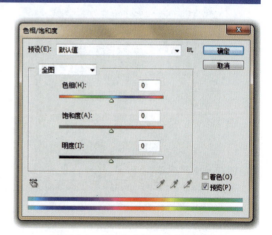

图 6.11　"色相/饱和度"对话框

注：色相/饱和度上方可以选择全图及单个颜色，分别针对全图及单个颜色进行调整。

三、色彩平衡

色彩平衡是一个操作直观方便的颜色调节工具。它在色调平衡选项中把图像笼统地分为阴影、中间调与高光 3 个色调，每个色调可执行独立的颜色调节，如图 6.12 所示。

图 6.12 "色彩平衡"对话框

四、色阶

色阶也属于 Photoshop 的基础调节工具。打开色阶工具会出现一个色阶图，色阶图根据图像中每个亮度值（0~255）处的像素点数量进行区分。右面的白色三角滑块控制图像的深色和浅色部分，左面的黑色三角滑块控制图像的浅色和深色部分，中间的灰色三角滑块则是控制图像的中间色，如图 6.13 所示。

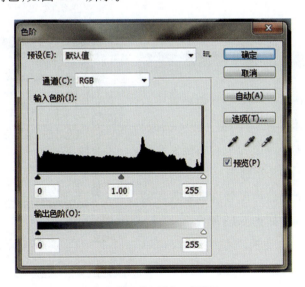

图 6.13 "色阶"对话框

移动滑块可以使被选通道中最暗和最亮的像素分别转变为黑色和白色,以调整图像的色调范围,因此可以利用它调整图像的对比度。左边的黑色三角滑块用来调整图像中暗部的对比度,右边的白色三角滑块用来调整图像中亮部的对比度。左边的黑色三角滑块向右移,图像颜色变深,对比变弱;右边的白色三角滑块向左移,图像颜色变浅,对比也会变弱。两个滑块各自处于色阶图两端则表示高光和阴影。

中间的灰色三角滑块控制着 Gamma 值,而 Gamma 值又可衡量图像中间调的对比度。改变 Gamma 值可改变图像中间调的亮度值,但不会对阴影和亮部有太大的影响。将灰色三角滑块向右稍动,可以使中间变暗,向左稍动可使中间变亮。在 Input Levels 对话框中的数据代表中间调的数值。

五、阴影 / 高光

启动阴影 / 高光调节工具后勾选下面"显示更多选项"复选框,会出现一个设定框,分为阴影、高光、调整 3 大部分。此时,先把高光的数量设置成 0%。单独来看问题阴影的调节效果。阴影部分调节的作用是增加亮度,从而改进相片中曝光不足的问题。也可称为补偿阴影,如图 6.14 所示。

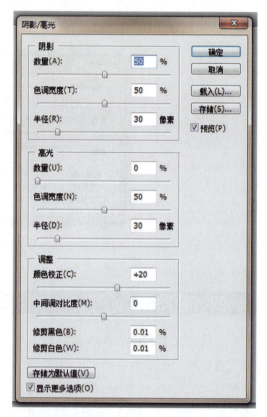

图 6.14 "阴影 / 高光"对话框

六、曲线

"曲线"是 Photoshop 中调整颜色最重要的工具之一。选择"图像"→"调整"→"曲线"命令或按组合键 Ctrl+M 调出曲线对话框。在曲线面板中直线的两个端点分别表示图像的高光区域和暗调区域,两个端点可以分别调整直线的其余部分统称为中间调,如图 6.15 所示。

"曲线"对话框上方也有下拉列表框,可以选择针对单独的颜色通道进行调整。

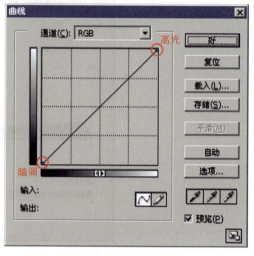

图 6.15 RGB 曲线

七、可选颜色

用可选颜色进行调整前,首先要指定一个选择范围,所做的调整只对范围内的像素有效。

可选颜色大致分为以下三组。

(1) 以 RGB 三原色来划分可分为红色、绿色、蓝色。

(2) 以三原色的补色 CMY 来划分可分为黄色、青色、洋红。

(3) 以整体的亮度来划分可分为白色、黑色、中性色。

如图 6.16 所示,当选定了一个范围后,可以拖动滑块,将这个范围内像素的三原色数值进行调整。除此之外,还有其他一些调色工具,如去色、反相、照片滤镜等。

图 6.16 RGB 曲线

八、修复偏色风景照

图 6.17 所示的原图是一张严重偏蓝色的风景照片,天空、山川以及农田等都混淆成了一片。经过调整后,各个部分都拥有了自己的色彩,画面颜色和层次都显得更为丰富。图 6.18 所示为调整后的效果。

图 6.17 调整前偏色严重

图 6.18 调整后的效果

接下来详细讲解偏色修复步骤。

（1）导入原图后,单击"背景"图层向下拖放到"创建新图层"按钮,松开后就可以看到图层面板上多了一个复制图层——"背景副本"。接着在"浮动面板"区下方单击"创建新的填充或调整图层"按钮,在弹出的菜单中选择"色彩平衡"命令,单击后,弹出"色彩平衡"对话框,同时图层面板上会出现一个"色彩平衡1"图层。在"色彩平衡"对话框中"色调平衡"区选中"中间调"单选按钮,拖动"青色—红色"滑块右拉到底;拖动"黄色—蓝色"滑块左拉到底,如图6.19所示。

（2）选中"高光"单选按钮,拖动"青色—红色"滑块右拉到底;拖动"黄色—蓝色"滑块左拉到底,如图6.20所示。

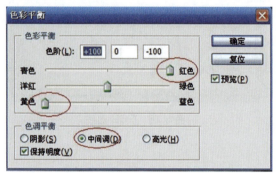
图6.19 "色彩平衡"对话框

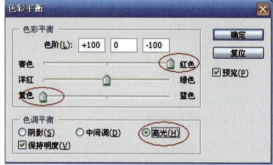
图6.20 调整色彩高光

（3）选中"阴影"单选按钮,拖动"青色—红色"滑块右拉,使"色阶"值为-8,如图6.21所示。

（4）在"浮动面板"区下方单击"创建新的填充或调整图层"按钮,在弹出的菜单中选择"色彩平衡"命令,单击后,弹出"色彩平衡"面板,同时图层面板上又会出现一个"色彩平衡2"图层,如图6.22所示。

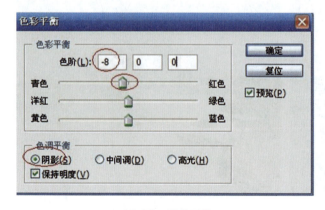
图6.21 调整阴影

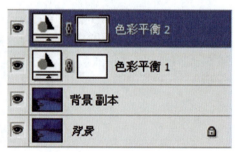
图6.22 调整图层

(5）选中"中间调"单选按钮，分别拖动"青色—红色""洋红—绿色"和"黄色—蓝色"滑块右拉到底，如图 6.23 所示。

(6）选择"高光"选项，拖动"青色—红色"滑块左拉，使"色阶"值为 −40；拖动"洋红—绿色"滑块右拉，使"色阶"值为 +15；拖动"黄色—蓝色"滑块右拉，使"色阶"值为 +33。可以看见，原来偏蓝的照片基本得到了校正，如图 6.24 所示。

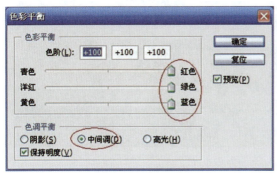

图 6.23　调整中间调

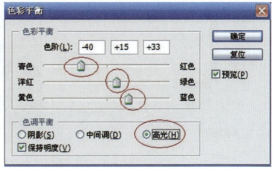

图 6.24　调整高光

注：以上参数并非严格准确的数据，可以根据不同图像进行适当调整。

九、怀旧 LOMO 色调

原图如图 6.25 所示，使用怀旧色调后的效果如图 6.26 所示。

图 6.25　原图

图 6.26　怀旧色调效果图

怀旧色调调色步骤如下。

（1）打开原图素材创建曲线调整图层，对 RGB 进行调整，参数设置及效果如图 6.27 所示。

（2）创建色彩平衡调整图层，对中间调进行调整，参数及效果如图 6.28 所示。

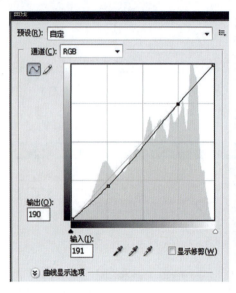 

图 6.27 RGB 曲线参数及效果 1

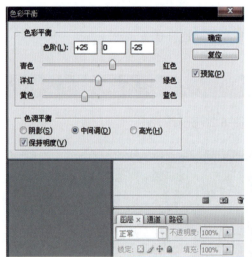 

图 6.28 色彩平衡参数及效果

（3）再创建一个曲线调整图层，对 RGB 再次进行调整，参数及效果如图 6.29 所示。

（4）创建色相/饱和度调整图层，对全图进行调整，参数及效果如图 6.30 所示。

（5）新建一个黄色的纯色图层，透明度为 40%，再降低一点图片的饱和度。

（6）新建一个图层，按 Ctrl + Alt + Shift + E 组合键盖印图层。命令为滤镜→渲染→光照效果，参数及效果如图 6.31 所示。

（7）创建可选颜色调整图层，对青色进行调整，参数及效果如图 6.32 所示。

第六章 航拍作品后期处理

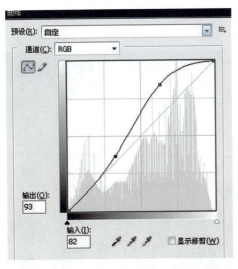

图 6.29　RGB 曲线参数及效果 2

图 6.30　色相/饱和度参数及效果

图 6.31　色相/饱和度光照参数及效果

107

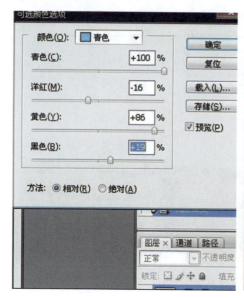

图 6.32　可选颜色图层参数及效果

第三节　Premiere Pro CS6 软件的使用

Premiere Pro CS6 简称 PR，主要工作界面由五大编辑面板组成，面板是使用过程中最为基础的界面。用户可根据操作习惯与实际情况，对面板的位置和隐现进行自定义设置。基础的 Premiere 工作界面包括项目面板（D）、监视器源面板（A）、时间线面板（E）、监视器节目面板（B）和工具面板（C）五类，如图 6.33 所示。

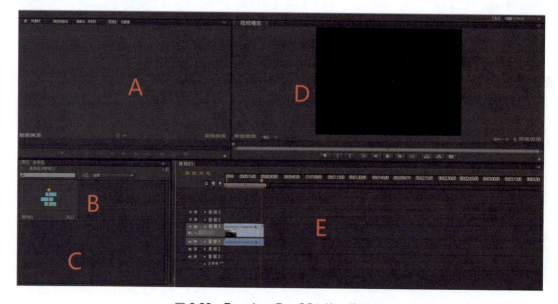

图 6.33　Premiere Pro CS6 的工作界面

一、项目面板

如图 6.34 所示项目面板主要用以导入、组织、存放需要编辑合成的原始素材。单击菜单栏"文件"下的"导入"选项（或按组合键 Ctrl+I），可将已储存的音频和视频素材导入项目面板。素材的排列显示方式可在界面左下方进行切换（包括列表视图与图标视图），并附有拖动条以控制素材的显示大小。所有素材均被存放在项目面板中，可单击界面右下方 🔍 图标查找（组合键 Ctrl+F）。当素材数量较大时，用户可新建文件夹，将相关素材存于一个文件夹中，便于整理，提高剪辑效率。在项目面板中双击素材，选中的素材会显示在监视器源面板中，用户可在此对所选素材进行编辑。

图 6.34 项目面板界面

二、监视器源面板与监视器节目面板

监视器源面板与监视器节目面板都是监视器面板的重要组成。监视器源面板主要用来预览和剪辑源素材，而监视器节目面板则用来预览和剪辑已经置入时间线面板进行编辑的片段，也就是视频输出前的最终效果展示。在监视器面板中，黄色倒三角是当前视频播放的进程，用户可拖动其位置控制播放进程。左侧黄色时间为当前的时间点，右侧灰白色时间为素材总时长。此外，用户可在该界面选择素材的显示大小百分比与分辨率。面板下方的长条刻度是根据素材时长所设的时间线，其按钮则是素材的控制器和功能器操作。

表 6.1 是监视器面板的控制功能按钮介绍。

表6.1 监视器面板控制功能按钮

图　标	名　称	功　能
	添加标记 (M)	添加标记可在时间线上添加关键时间点
	标记入点 (I) 标记出点 (O)	标记入点和出点可对素材进行裁剪。在选取素材过程中只会选取入出点间的素材,而入出点以外的素材则会被切去
	跳转入点 (Shift+I) 跳转出点 (Shif+O)	单击"跳转入点"可直接选择入点的时间刻度,即选取视频段落的开始;单击"跳转出点"可直接选择出点的时间刻度,即选取视频段落的结束
	逐帧退 (←) / 进 (→) 播放 / 停止 (space)	对所选素材最基本的播放操作,能够实现逐帧退、进等相关操作
	提升 (;) 提取 (')	提升、提取按钮与入点、出点作用大体相似。在素材的预览和播放中,标记提升和提取按钮后,两者中间的素材则会被删去
	导出单帧(Crtl+Shin+E)	"导出单帧"主要指依照之前所设定的帧率,将所选视频片段以逐帧图片的形式导出并保存。用户可选择图片格式和输出路径。例如,所选帧率为25ps,则每秒的视频会导出 25 张图片,一分钟的视频则会导出 1500 张图片

三、时间线面板

时间线面板是 Premiere 进行剪辑操作最核心的部分之一。一般来说,所有对素材的编辑和操作都能在时间线面板上予以呈现。若创作者希望对 Premiere 的操作有更为深刻的理解,那么,对时间线面板的充分熟悉与熟练运用是必不可少的。时间线面板主要由位于上部的"时间区"和位于下部的"轨道区"组成。

（1）时间区

时间区是时间刻度轴上所对应的时间段,灰色矩形与素材的时长相对应。时间刻度轴左侧的黄色时间指当前时间刻度的时间点。左侧的三个按钮分别指吸附、设置 Encore 章节标记与添加标记。时间区的主体部分是横向的时间刻度轴。当既有素材置于时间线面板轨道中时,单击"吸附"按钮（组合键 S）后,当导入的两段素材相隔小于一定距离时,两者会自动头尾相连。在平时的使用中,吸附按钮能够满足用户快速拼接不同视频素材的需求,大幅节约了剪辑时间,提高了工作效率。单击"设置 Encore 章节标记"按钮后,时间刻度轴的上部会出现红色标记。Encore 章节标记常用于 DVD 数字视频制作。

章节标记会在输出的 DVD 数字视频中进行章节分隔。时间线面板中的"添加标记"按钮（组合键 M）与监视器面板中的"添加标记"按钮功能近似,都是为素材添加绿色标记,便于之后能够对标记的时间点开展进一步操作。值得注意的是,时间线面板和监视器面板中的标记是公用的,也就是说,添加的标记在两个面板的时间刻度轴上都会显示出来。

(2) 轨道区

在轨道区用户可通过拖动项目面板的素材,将其置入时间线面板的轨道,从而开始对素材进行剪辑。轨道是所需剪辑的视频、音频素材放置的平台。轨道区由视频轨道和音频轨道构成。针对同一段素材,通常视频轨道在上,音频轨道在下。同时,对素材的组接和特效编辑都会在视频轨道上。素材在蓝色矩形中加以显示。若在视频、音频轨道的素材上右键选择,则能够获取视频、音频素材的操作窗口,便捷地对所选素材进行复制、粘贴、清除等操作。默认状态下,同一素材的视频和音频部分是锁定为一体的,也就是说,用户可对其同时进行编辑和操作。若需将音频、视频分开编辑,则可以通过右键选择解除音频视频链接。

工具面板提供了Premiere最基础的操作工具,如图6.35所示。用户对时间线面板素材的绝大部分操作都要通过工具面板中的相关工具来实现。可以说,每一项工具都有其特定的作用,能够对音频、视频素材完成多种复杂的编辑操作。

因工具的运用是Premiere使用过程中基础且重要的部分,所以在表6.2中,将对工具面板的相关工具进行详细介绍。

图6.35 基础操作工具面板

表6.2 Premiere 工具面板工具功能

工具名称	组合键	功　　能
选择工具	V	单击即可选中轨道中的素材。主要功能包括移动素材和控制素材的长度。组合键 Ctrl+V 可拖动素材插入指定的时间点,组合键 Shift+V 可同时选择多段素材
轨道选择工具	A	可选择某时间点右侧同轨道的素材。组合键 Shift+A 能够选择某时间点右侧所有轨道的素材,该功能适合色彩轨道多素材的整体移动
速率伸缩工具	X	速率伸缩工具能够改变素材的播放速率。在素材的开始处和结尾处运用该工具进行拖曳,可直接改变音频和视频素材的长度而不改变该素材的入出点。也就是说,使用该工具素材的长度得到增减后,其实际内容并没有改变,改变的是同一段内容播放的速率
剃刀工具	C	剃刀工具是剪辑中最基础、使用最频繁的工具。选中剃刀工具后,单击素材即能在相应的时间点上将原有素材切成两段。默认情况下,视频素材和音频素材会同时被剃刀工具切断。组合键 Alt+C 可将视频素材或音频素材单独切断,而若需将音频、视频分离编辑,则可选择解除音视频链接。组合键 Shift+C 能够切断同时间点上所有轨道的素材

四、工具面板

1. 信息面板

如图 6.36 所示,信息面板能够展示每一个素材的基本信息,主要包括视频制式、视频帧率、画面大小、音频采样率、入出点、时长等内容。

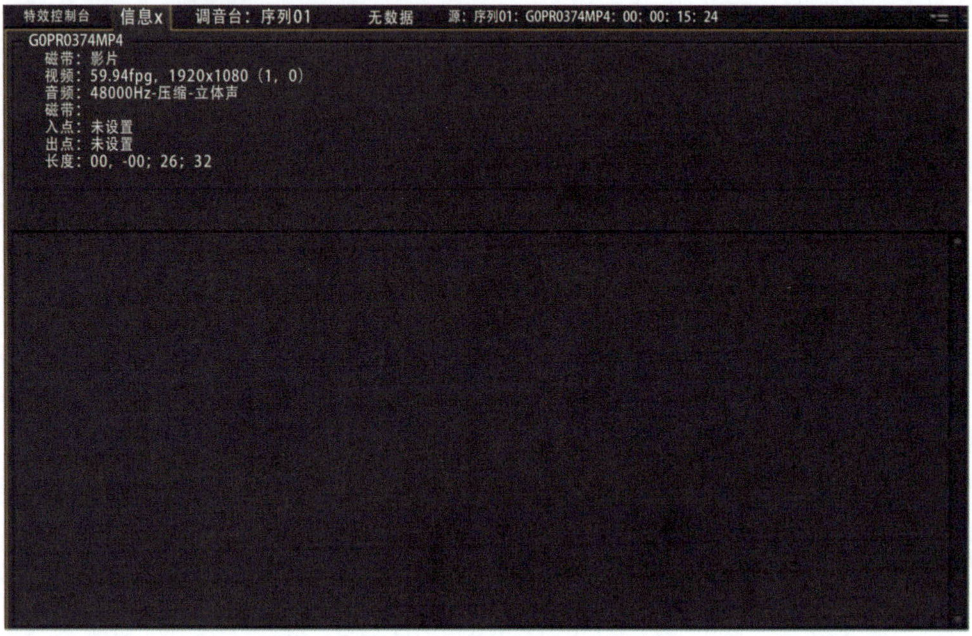

图 6.36　信息面板

2. 特效控制台面板

如图 6.37 所示,特效控制台面板中可选取 Premiere 提供的相关特效,用户能够直接将这些特效运用到置入时间线面板的素材中。特效控制台面板内主要包括视频效果和音频效果,用户可根据实际需要选用。

3. 调音台面板

调音台面板如图 6.38 所示。

4. 历史面板

如图 6.39 所示,历史面板能够提供较长时段中用户每一个操作步骤,单击按键即可回到该操作步骤的状态。在出现重大操作失误或误删除的情况时,用户可通过历史面板及时倒退更正,以恢复至正常情况。

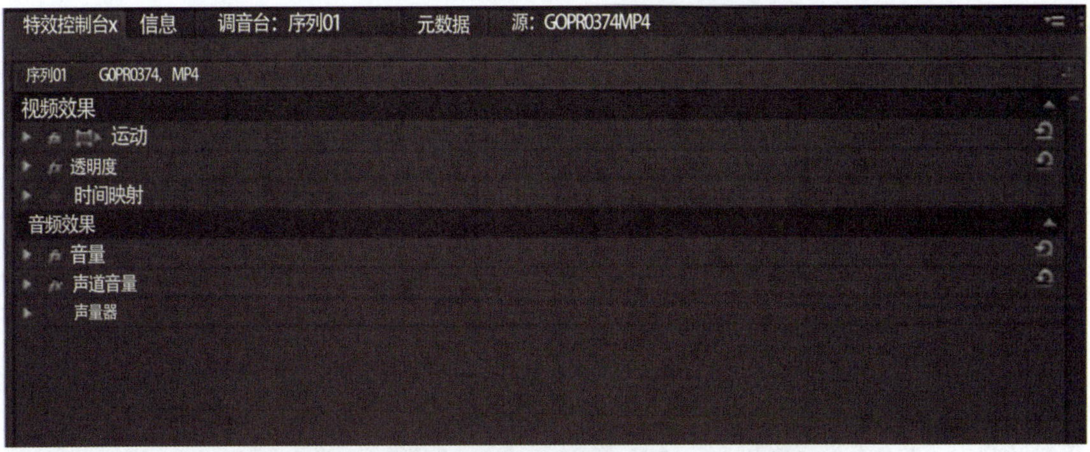

第六章　航拍作品后期处理

图 6.37　特效控制台面板

图 6.38　调音台面板

图 6.39　历史面板

5. 效果面板

如图 6.40 所示，效果面板的功能与特效控制面板相似，内部储存了众多音频和视频预设效果供用户调用。选中相关效果后，用户可选择将预设效果按比例调入，或定位到入点和出点，使在时间线面板中的素材有所选择的进行预设。效果面板内的视频效果预设和音频效果预设可根据用户实际需求选用。

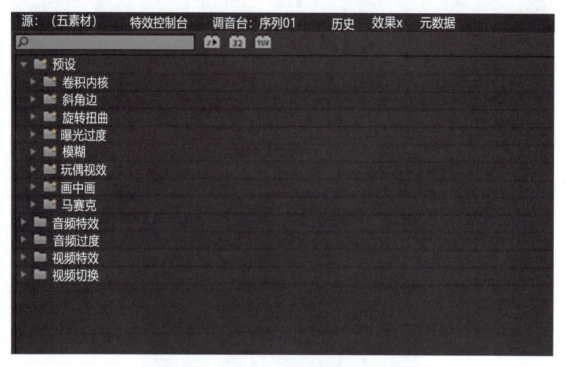

图 6.40　效果面板

第四节　视频特效

随着后期制作水平的不断提升，视频特效逐渐成为视频制作的重要步骤。Adobe Premiere CS6 为用户提供了众多不同的视频特效预设，用户可在编辑音频和视频素材中调用相关视频特效，为素材增添多种生动、鲜活的效果。

一、添加视频特效

用户为已经置于时间线面板中的素材添加视频特效的步骤如下。

在菜单栏中选择"窗11"选项（组合键W），单击"效果"按钮，打开效果面板。用户也可直接使用组合键Shift+7调出效果面板。单击左侧三角按钮展开"视频特效"文件夹，如图6.41所示。

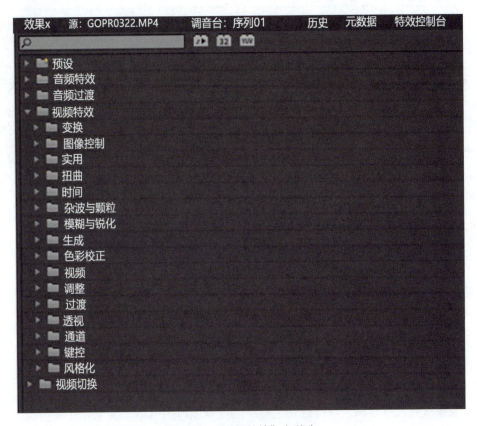

图6.41 "视频特效"文件夹

鼠标选择具体的视频切换效果，将其拖到时间线窗口序列中需要添加视频特效的素材位置再释放。特效需要进行相关参数的设置，符合一定要求后才能实现。此外，一种特效能够分别添加到几段素材上，也可对同一素材添加几种不同的特效。

二、编辑视频特效

用户可通过特效控制台面板对视频特效进行参数的设置与调整，以期达到所需的效果。下面以"剪辑"视频特效为例，如图6.42所示。

1. 亮度校正器

亮度校正器效果可针对视频画面的明暗关系进行调整。将该效果拖动到轨道的素材上，在效果控件面板中通过效果选项进行调整，部分参数与快速颜色校正器参数相同，其中亮度和对比度选项是该效果独有的。

在效果控件面板中,亮度值变大可提高画面亮度,亮度值降低可降低画面亮度。同理,对比度值增高可增强画面的对比度,反之则降低画面的对比度。

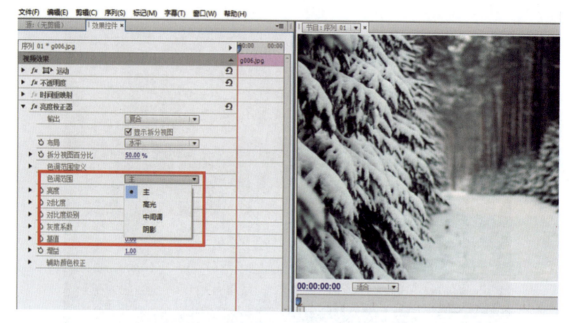

图 6.42 添加视频特效

2. RGB 颜色校正器

RGB 颜色校正器效果中的参数大部分已经做过介绍,同其他效果不同的是它包含了一个 RGB 效果参数设置选项。通过改变选项中的红绿蓝参数可以改变整体视频影像中的色彩信息。其参数面板及调整效果如图 6.43 所示。

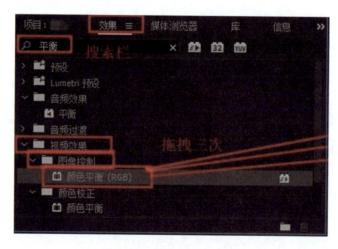

图 6.43 RGB 颜色校正器

第六章 航拍作品后期处理

3. 三向颜色校正器

三向颜色校正器效果是通过黑、白、灰三个调色盘分别调节不同色相的平衡和角度。其效果面板信息及调整效果如图 6.44 所示。

图 6.44 三向颜色校正器

第七章

航拍作品赏析

第一节　航拍摄影作品赏析

本节收集了一些国内外知名航拍摄影大赛的获奖作品,分为自然风光和人文建筑两类进行介绍,如图 7.1～图 7.9 所示。

在照片的下面,不仅有作品名称、作者介绍,还有一些作者拍摄照片的来历、灵感等介绍,另外还说明了照片的拍摄设备及设置参数等。希望在赏析这些优秀作品的同时,一方面深入作者所拍摄作品时的意境;另一方面学习所拍摄作品的构图、光线、角度及设备设置参数等。

一、自然风光类

图 7.1　自然风光 1（摄影：宋罡）

图 7.2 自然风光 2（摄影：宋罡）

图 7.3 自然风光 3（摄影：宋罡）

第七章　航拍作品赏析

图 7.4　自然风光 4（摄影：宋罡）

二、人文建筑类

图 7.5　人文建筑 1（摄影：宋罡）

图 7.6 人文建筑 2（摄影：宋罡）

图 7.7 人文建筑 3（摄影：宋罡）

第七章　航拍作品赏析

图 7.8　人文建筑 4（摄影：宋罡）

图 7.9　人文建筑 5（摄影：宋罡）

第二节 航拍视频作品赏析

随着摄影设备以及拍摄技术的发展,对影像的记录,在之前惯用的平视、仰视视角的基础上,逐渐融入了航拍视角。航拍技术的运用使纪录片的创作更上了一个档次。一直以来,人类期待飞上天空,和鸟儿并肩俯瞰大地,航拍的运用,使人类的愿望得以实现。纪录片《航拍中国》播出以来,好评如潮,它在表现手法上一改以往人文地理纪录片的拍摄手法,以俯视的航拍视角,展现了我国自然风光的奇美和人文地理的曼妙,通过其独具特色的选题和拍摄手法、统一和谐的声画关系等,给观众展现了一幅绝美的画卷。本节将从操作方式、运镜方式结合《航拍中国》纪录片中的航拍内容进行研究。

因书中不能完全展现所拍摄视频的效果,故以截图和指定时间点的形式展示,并对拍摄手法进行文字解析。同时随书会提供对应视频,同学们在赏析及学习中,可以一边观看视频,一边学习书中提及的拍摄要点。

一、水平运动

水平运动是最熟悉的镜头运动方式之一,但看似简单的水平运动却也大有可玩,如图 7.10～图 7.15 所示。

在黑龙江雪乡,从 500 米的高空向前直推了 1.3km。以云台为优先的"超单模式"让镜头保持长距离直线运动成为可能。

图 7.10 《航拍中国第一季》"黑龙江篇"(11′52″)

在库尔滨的早晨,镜头水平横向走位让阳光透过雾气的光束显得更加灵动。

图 7.11 《航拍中国第一季》"黑龙江篇"(05′26″)

贴近水面对河流细节的描述从天上一下接入"地气",于是有了从"宏观"到"局部"的立体印象。

图 7.12 《航拍中国第一季》"黑龙江篇"(04′37″)

在无人机水平横移+方向轴的复合运动速度达到平衡节点时,将产生一种新的视觉体验方式,习惯性地称之为"环绕"。本图是在广角镜头下,平视拍摄正在为冰雪大世界造雪的一堆造雪机器人。

图7.13 《航拍中国第一季》"黑龙江篇"(09′03″)

除了广角镜头下的大全景还可以用长焦锁定一头东北虎。

图7.14 《航拍中国第一季》"黑龙江篇"(12′56″)

第七章 航拍作品赏析

为了把一小群和尚蟹拍出千军万马的感觉，团队用零度的无人机贴着沙滩飞过，再利用长焦压缩前景和后景，从而在视觉上完成了一次和尚蟹的壮阔大迁徙。

图 7.15 《航拍中国第一季》"海南篇"（15′24″）

水平方向的镜头运动小结如下。

（1）最简单的直推动作有效地将观众"带入"我们讲的故事。

（2）平移动作在合适的光线下更容易展现出层次感。

（3）在增加了方向轴的运动之后变得更加灵动且富有趣味性。

（4）横移＋方向运动在持续保持某种均衡以后出现了水平方向上的环绕，让观众从画面上明确视觉中心点，也更立体和全面地展现一个被拍摄体水平方向上的形态。

二、垂直运动

垂直运动在三维空间中又习惯被称为"Z轴运动"。在这条垂直轴线上，空间运动的距离决定了它的高度，如图 7.16 ～ 图 7.21 所示。

在江西，春季低矮的云层只有 150 米高，很容易被穿透。呼吸云上的朝阳，再一跃而下看到还在沉睡中的村庄。大自然为我们提供了最美的想象力。

图 7.16 《航拍中国第一季》"江西篇"（10′32″）

第七章　航拍作品赏析

　　海南的大多数旅游地原来都是这样的小渔村，村民世代以船为家，很少上岸。镜头由一条渔船拉远，直至出现渔村的广阔视角。你是否能感受到渔民们世代居住在海港的生活氛围呢？

图7.17　《航拍中国第一季》"海南篇"（18′44″）

江西烧瓦塔,镜头随着燃起的火星不断升高,把现场的欢乐气氛推向高潮。镜头的运动和氛围的表现一致,很燃很澎湃。

图 7.18 《航拍中国第一季》"江西篇"(43′34″)

第七章　航拍作品赏析

　　镜头由低到高，让画面从低处窄的视角随着高度增加变得更加开阔。而在第一季中这样的升高镜头并不多见，更多的是由高到低的下降镜头，例如表现徽派建筑的墙面。

图 7.19　《航拍中国第一季》"江西篇"（24′17″）

为什么片中下降的镜头多,而升高的镜头少呢?因为下降代表着来临,升高代表着离开。离开只能作为结束镜头,而片中更多的时候需要的是引人入胜。

图 7.20 《航拍中国第一季》"上海篇"(08′31″)

　　如果无人机的升降运动和云台的俯仰运动速度达到一种默契配合,就可获得垂直方向的环绕运动。这种环绕运动并不常见,却可在空间上塑造出更大的纵深感。仅仅是一棵树枝上站立的小隼,在这样的运动镜头下也被玩出了空间上的"深邃"。

图 7.21 《航拍中国第一季》"江西篇"(14′27″)

三、正扣运动

　　也许是看多了立体的画面已经开始厌倦,在摄影上能够找到"平面式"的构图方法逐渐成为一种独特的趣味。正扣运动恰恰提供了这种趣味构图的可能性,如图 7.22 ~ 图 7.28 所示。

在结冰的松花江上,从空中追寻切割开的井字形线条发现一个正在切割冰块的人。非常有规律的线条构成了一个平面图,这个切割冰块的人就像在巨大的画布上作画。

图 7.22 《航拍中国第一季》"黑龙江篇"(07′57″)

在合适的地点正扣的画面排除了周围混乱的其他元素,画面显得更加干净。

图 7.23 《航拍中国第一季》"黑龙江篇"(08′07″)

追求画面元素的干净和整齐也不是在哪儿都合适,比如冰上龙舟铲出来的滑冰道就七扭八歪。但观众的关注点显然不是画面的干净整齐和赛事的激烈赛况,交代每艘龙舟的位置对于观众来说更重要。

图 7.24 《航拍中国第一季》"黑龙江篇"（13′39″）

黑河的中俄冰球友谊赛也是一个很典型的案例。开球对称式的构图巧妙地将对手一分为二,抓住开球紧绷的瞬间,表现出紧张激烈的赛场气氛。

图 7.25 《航拍中国第一季》"黑龙江篇"（38′49″）

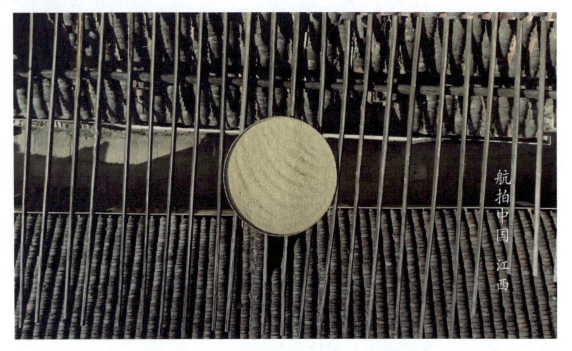

对称式构图同样也发生在篁岭晒秋,表现春夏秋冬一年四季的变化。

图 7.26 《航拍中国第一季》"江西篇"(16′07″)

在一组紧凑的景别铺垫之后,正扣+旋转+拉升的组合动作揭示最后一种结果。

图 7.27 《航拍中国第一季》"江西篇"(17′04″)

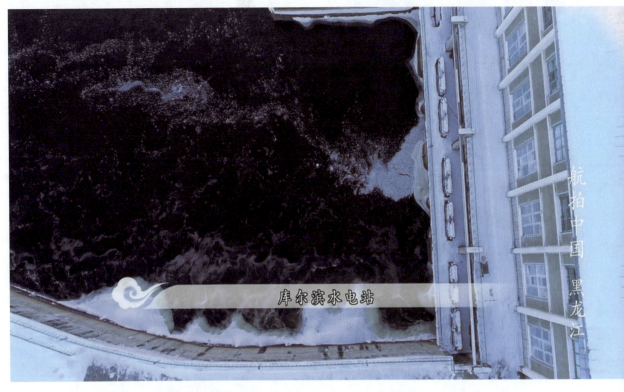

正扣从近景到全貌的揭示性运动，可以更具体地交代库尔滨水电站的热水和电站的关系。

图 7.28 《航拍中国第一季》"黑龙江篇"（04′08″）

正扣方向的镜头运动小结如下。

（1）正扣运动提供了一种将场景平面化构图的可能性。

（2）拍摄球赛开球的场景，正扣镜头能烘托出紧张的气氛并富有仪式感。

（3）正扣和方向轴的配合运动可以营造神秘气氛和揭示性的镜头调度。

（4）贴近有规律的运动且靠近镜头可以让镜头更富有力量感。

四、发现式镜头

"抖包袱"是相声非常重要的手法，前面先做好细致的铺垫，在合适的时机把关键节点的"包袱"（笑料）"抖"出来给大家会获得非常好的效果。"抖包袱"这样的手法不仅可以"逗乐"，更是一种关于"叙事"的语言表达方式，而叙事不仅可以用嘴巴，还可以用镜头来说话。在无人机航拍的镜头运动中，没有比发现式镜头更具有"叙事感"的拍摄方式了。图 7.29～图 7.34 为发现式镜头。

温暖的阳光照在东北大地,一辆摇晃着铃铛的马车奔驰在雪地上,摄影师采用跟随飞行拍摄手法将这一刻记录下来,观众如同置身北国雪乡之中。

图7.29 《航拍中国第一季》"黑龙江篇"(11′21″)

又或者是一个正在滑行的缆车把我们送往充满热带气息的海南猴岛。

图7.30 《航拍中国第一季》"海南篇"(20′11″)

这几个"发现式"镜头有一个共同的特点：都是从一个小线索引导到大环境，或者是从个体引导到群体。

垂直方向的升降运动……这些都是从局部或个体引导到大环境的"发现式"镜头，我们把它们归类为"引导发现式镜头"。

图 7.31 《航拍中国第一季》"黑龙江篇"（13′53″）

除了"引导发现式镜头"之外，还有另外一种发现式镜头运动。例如越过层层遮挡的树看到最终想要表现的内容。上海相亲角也是一种含蓄羞涩的表达方式。这种越过遮挡物体的发现式镜头运动，被简单明了地称为"过遮挡镜头"。

图 7.32 《航拍中国第一季》"上海篇"（30′54″）

在篁岭越过徽派建筑墙体，看到晒秋的箩筐，也是一种典型的过遮挡镜头。

图 7.33 《航拍中国第一季》"江西篇"（09′47″）

第七章　航拍作品赏析

　　在上海篇中，过建筑屋顶盘旋式下滑并关注到地面上犹太人避难的纪念雕塑，这样的镜头运动，并不是单纯在炫耀一镜到底的技法，更重要的是通过建筑的对比烘托出这对母女在乱世中的脆弱与无助。由上而下的缓慢运动也正契合一种来自天堂的"关爱"，观众更容易感同身受到这种"关爱"。

图 7.34　《航拍中国第一季》"上海篇"（18′55″）

发现式镜头运动小结如下。

(1) 发现式镜头运动相比其他的平铺直叙方式更具有"叙事感"。

(2) 引导发现式运动可以通过一个具体的线索引导观众进入大环境或从个体到群体。

(3) 过遮挡发现式运动可以营造神秘的气氛。

(4) 借用大的建筑主体过遮挡关注到具体的人物可以表现人物的空间关系,从而塑造人物的脆弱和无助。

五、复合运动

经过前面的学习,我们迎来了关于无人机拍摄技法的终极形态——复合运动。

遥控无人机为我们提供了自由运动的各种可能性,使我们在记录这个精彩世界的时候有丰富的手段和技巧来充分表达我们的惊喜与激动。为了更好、更系统地记录这一切,需要从最根本的问题开始。

航拍空间构图六要素包括:①无人机油门通道;②无人机方向通道;③无人机副翼通道;④无人机升降通道;⑤云台方向通道;⑥云台俯仰通道。

通常来讲无人机的方向通道和云台的方向通道是一样的。简要来说,如果是双人操作,两个方向轴独立存在,但无人机方向上的运动并不能决定构图。

(一) 油门通道

如果是 DJI 或其他多旋翼专用的遥控器,油门通道是带回弹的,也就是说,油门在中位时,多旋翼保持定高状态。但没有接触过航模或者穿越机的朋友很可能不知道油门位置其实是经过系统计算之后得到的,当保持悬停时,每个电机输出的功率是气压计和其他所有与高度相关的传感器共同计算得到的结果。悬停状态最容易飞行,但有一定的延迟反应。

以最近的距离拍摄"虎扑",成为航拍中国第一季中一个令人印象深刻的亮点镜头(图 7.35)。

图 7.35 《航拍中国第一季》"黑龙江篇"(28′23″)

图 7.35（续）

如果是纯粹的姿态模式，无人机高度没有加入气压计定高计算的时候，油门位置和实际输出是直接等效的。与此同时，需要全程神经紧张地去飞行，因为遥杆就算回中，大多数情况无人机也不能悬停。在电压低的时候很可能会逐渐下降，在电压高的时候很可能中位会是在不断爬升。但好消息是：可以根据画面或者无人机的姿态，直接感受到无人机动力的不均匀损失、风力下压的影响以及在危险时刻以最快的方式有效操控，避免坠机。只要熟悉这种操作，一切尽在掌控中。所以现在所认知的油门，你真的熟悉吗？

（二）副翼通道

很多新手称之为左右倾斜通道。"副翼"这个词来源于固定翼的专有名词，原本是指固定翼翼尖两侧的两个活动小翼，当它们抬起或下降时，机体将左右倾斜偏转，从而获得直线往左和直线往右的运动。在多旋翼飞行时，则是利用两侧螺旋桨转速的差异来获得。当然，只知道这些还不够。无论是固定翼还是多旋翼无人机，一旦机体发生副翼倾斜，势必导致无人机损失一定的升力。副翼量打得越多，升力损失越明显。一般情况下飞控会做一定的升力补偿，以避免所谓的"航线掉高"，也就是因机身倾斜导致的掉高。但是这种升力补偿毕竟有些反物理规律，如果因高度数据误差导致补偿的不够顺滑，反而会影响飞行轨迹的线性。

（三）升降通道

升降通道也是来自固定翼的通道定义，很多人也称之为前进后退通道。当然这种叫法并不准确，因为升降运动在推杆时和固定翼一样也会发生机头朝下倾斜，拉杆机头朝上后方倾斜的现象，这种倾斜同样带来了"俯冲"运动，因为和副翼一样，倾斜之后动力的损失会导致"掉高"。

如果配合油门的减小，就可以产生类似固定翼的"向前俯冲运动"，用于拍摄由高远到低近的镜头。如果升降舵拉杆和油门增加，则全然相反。比如从雪博会一群正在工作的人近景拉开一直看到整个雪雕的全景，如图 7.36 所示。

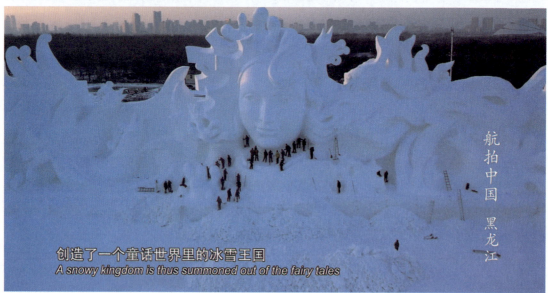

图 7.36 《航拍中国第一季》"黑龙江篇"（10′54″）

（四）方向通道

在构图运动中，可以将无人机的方向通道忽略，直接以云台的方向通道为准。关于方向轴的运动并没有什么可以讲述的内容,但是方向舵在无人机的水平运动中起到了至关重要的作用,直接决定了无人机的"弧线轨迹",而舵量顺滑度和精准度也将最终决定弧线轨迹是否足够优雅。由于多轴无人机是依靠不同转向的螺旋桨差速来改变航向,因此小螺距低转速的多轴无人机在有风的条件下不仅机体会产生摇摆,在方向轴上同样会产生"锁不住"的现象,由此会对飞行的航线造成关键性的影响。

(五)俯仰通道

俯仰通道看似容易理解,其实在复合运动中包含了非常微妙的关系。通常俯仰通道不会独立使用,因为这样的镜头在空中会显得非常呆板。

在"垂直运动"中提到过,油门配合云台俯仰的变化如果速度匹配则可以产生垂直轴向上的环绕运动,但往往忽略了水平运动对俯仰位置产生的影响。

图 7.37 的画面看似一个简单的镜头运动却说明了水平位置与云台俯仰运动之间的关系。如果无人机高过所拍摄的物体,无人机与拍摄物体的水平距离越近,俯仰角就越接近向

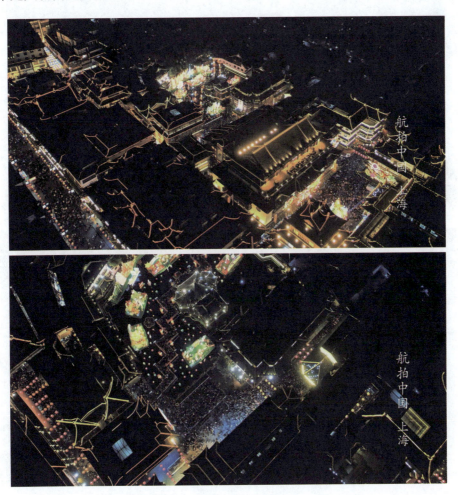

图 7.37 《航拍中国第一季》"上海篇"(14′17″)

下90°；如果无人机与拍摄物体的水平距离越远则越无限接近水平0°。如果以为这就是全部的真相，那就错了。当我们把镜头变成比较难操控的长焦端，这个浅显的真相就容易被忽略了。例如想对一只猫头鹰进行长焦环绕，却发现许多无人机很难做到将其长时间锁定在画面中心。无人机一方面由于增加了高度的补偿运算导致高度控制滞后遇到气流无法保持在一个完美的高度；另一方面是因为水平的位置产生了比较大的偏移，这种偏移在广角端不明显，在长焦端，近一点的景别就会直接导致无法精确锁定目标。

复合运动在航拍镜头运用中无处不在，在哈尔滨一处雪雕的制作现场，从水平环绕运动到不断升高，可以体现他们所处位置的高度。

镜头从一个正在除雪的人拉开，俯仰角的变化混合了垂直和水平空间的运动，最后呈现给观众一个完美的场景。几乎所有的复合运动都使画面更具有灵性和自由流畅的感觉，如图7.38所示。

图7.38 《航拍中国第一季》"黑龙江篇"（25′46″）

第三节 创意航拍作品赏析

创意航拍是指发挥航拍特色,利用航拍独特的角度、光影等,结合摄影师自己的创意,拍摄出一些具有独特趣味的作品。

一、地面作画板

在一些地面线条清晰或场景单纯的场合,让被摄物躺下来,以地面为背景进行扣拍,就像是以地面作画板一样。可以直接在简单的地面背景上拍摄,如草地、沙滩,也可以利用地面上的明显线条,让线条成为画面图形元素的一部分,形成故事性较强的画面。后期处理时可以手绘或添加一些插画效果,以增强故事性。

近些年,班级毕业照经常出现类似创意照片,如图 7.39～图 7.41 所示。

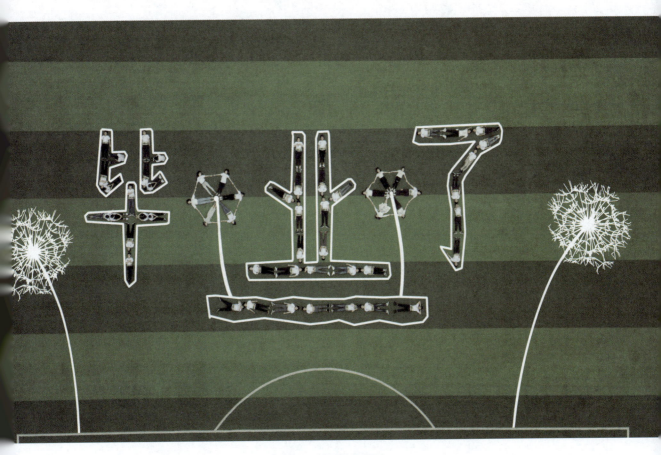

图 7.39 地面作画板 1

想要拍出类似创意照片难度不大,在开始拍摄前,只需要提前做好以下准备工作:

(1)前期需要确定人数。

(2)草拟图形。

(3)画好人物站位。

(4)告知被摄方一同协助完成摆队形。

(5)前期就要想好确定队形之后如何勾画图案,提前找好笔刷素材。

以图 7.40 和图 7.41 为例,飞手在了解到这次拍摄任务是毕业学生,确定好人数之后,为这次拍摄草拟了拍摄计划。绘画草图首先要设计好队形,其次要想好用什么画面,通过网上查找相对应的笔刷,确定符合想法的笔刷图案再进行绘制。

图 7.40 地面作画板 2

图 7.41　地面作画板 3

二、全景效果

（1）小星球效果

航拍作品可以通过后期编辑制作出一些有趣的特效，比如小星球特效。虽然地面拍摄也可以后期制作出这种效果，但无人机航拍中独特的俯视角更适合小星球效果的应用。拍摄时飞行高度不宜太高，让地面的景物更加有立体感，这样出来的小星球效果更好，如图 7.42 和图 7.43 所示。

小星球效果的后期制作主要通过 Photoshop 来完成，要用到全景接片、图像旋转，以及"扭曲""极坐标"等滤镜，可能还需要对画面进行修饰。技术较复杂，有兴趣的同学可以尝试一下。

有的无人机智能飞行模式提供自动生成小星球的功能，使小星球效果变得更容易实现。

（2）360°全景

在网上打开 360°全景航拍作品时，会先显示一张星球图，展开即为 360°虚拟实景。利用全景图，观众可以自主选择观察角度，从空中了解周围的环境，同时还可以放大细节，相当于有一张直观的立体地图。全景图常应用于环境展示中，如房地产广告、汽车内饰展示等，如图 7.44 和图 7.45 所示。

图 7.42 小星球全景效果 1

第七章 航拍作品赏析

图 7.43 小星球全景效果 2

151

第七章 航拍作品赏析

图 7.44 360°全景效果 1

图 7.45 360°全景效果 2

参 考 文 献

[1] 吴森堂.飞行控制系统[M].北京:北京航空航天大学出版社,2013.

[2] 段连飞,章炜,黄瑞祥.无人机任务载荷[M].西安:西北工业大学出版社,2017.

[3] 程多祥.无人机移动测量数据快速获取与处理[M].北京:测绘出版社,2015.

[4] 王宝昌.无人机航拍技术[M].西安:西北工业大学出版社,2017.

[5] 郭学林.航空摄影测量外业[M].郑州:黄河水利出版社,2011.

[6] 张宇雄.电动模型飞机动力系统配置[M].北京:北京航空航天大学出版社,2015.

[7] 于坤林,陈文贵.无人机结构与系统[M].西安:西北工业大学出版社,2016.

[8] 邓非,闫利.摄影测量实验教程[M].武汉:武汉大学出版社,2012.

[9] Terry Kilby&Belinda Kliby.自己动手制作无人机[M].姚军,等译.北京:机械工业出版社,2017.

[10] 鲁道夫·乔巴尔.玩转无人机[M].吴博译.北京:人民邮电出版社,2015.

[11] 鲍凯.玩转四轴飞行器[M].北京:清华大学出版社,2015.

[12] 贾玉红.航空航天概论[M].北京:北京航空航天大学出版社,2013.

[13] 段连飞.无人机图像处理[M].西安:西北工业大学出版社,2017.

[14] 美国 Make 杂志编辑.陈立畅,等译.爱上无人机:原料结构、航拍操控与 DIY 实例精汇[M].北京:人民邮电出版社,2017.

[15] 万刚,等.无人机测绘技术及应用[M].北京:测绘出版社,2015.

[16] 王永虎.直升机飞行原理[M].成都:西南交通大学出版社,2017.

[17] 孙毅.无人机驾驶员航空知识手册[M].北京:中国民航出版社,2014.

[18] 杨华保.飞机原理与构造[M].西安:西北工业大学出版社,2016.

[19] 贾忠湖.飞行原理基础[M].北京:国防工业出版社,2016.

[20] 邢琳琳.飞行原理[M].北京:北京航空航天大学出版社,2016.

[21] 刘星,司海青,蔡中长.飞行原理[M].北京:科学出版社,2016.

[22] 杨浩,城堡里学无人机原理、系统与实现[M].北京:机械工业出版社,2017.

[23] 陈康,刘建新.直升机结构与系统(ME-TH、PH)[M].北京:清华大学出版社,2016.

[24] 陈金良.无人机飞行管理[M].西安:西北工业大学出版社,2014.

[25] 马丁·西蒙斯.模型飞机空气动力学[M].北京:航空工业出版社,2007.